“家装设计速通指南 INTERIOR DECORATION DESIGN”

软装搭配

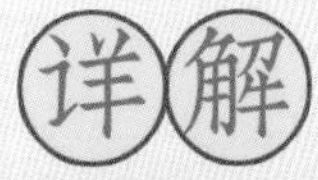

家装设计速通指南编写组 编

机械工业出版社
CHINA MACHINE PRESS

合理的软装设计可以使空间更有情调、更有灵动性。本书图文并茂，讲解了关于家具、布艺、灯具、装饰品等软装元素的运用及搭配方法，并涵盖了古典欧式、新欧式、乡村美式、中式、东南亚、地中海、田园、现代简约、北欧等当下主流的装修风格，阐述了不同风格独特的软装元素及搭配技巧。通过对真实案例的解析，让读者更加明确、深入、快速地了解软装搭配的技巧。本书适合室内设计师及广大装修业主参考使用。

图书在版编目（CIP）数据

家装设计速通指南. 软装搭配详解 / 家装设计速通指南编写组编. —北京：机械工业出版社, 2018.7
ISBN 978-7-111-60290-3

Ⅰ. ①家… Ⅱ. ①家… Ⅲ. ①住宅－室内装饰设计－指南 Ⅳ. ①TU241-62

中国版本图书馆CIP数据核字(2018)第127530号

机械工业出版社（北京市百万庄大街22号 邮政编码 100037）
策划编辑：宋晓磊　　责任编辑：宋晓磊
责任印制：孙　炜　　责任校对：刘时光
北京汇林印务有限公司印刷

2018年7月第1版第1次印刷
184mm×260mm · 14印张 · 190千字
标准书号：ISBN 978-7-111-60290-3
定价：75.00元

凡购本书，如有缺页、倒页、脱页，由本社发行部调换
电话服务　　网络服务
服务咨询热线:010-88361066　　机工官网:www.cmpbook.com
读者购书热线:010-68326294　　机工官博:weibo.com/cmp1952
010-88379203　　金 书 网:www.golden-book.com
封面无防伪标均为盗版　　教育服务网:www.cmpedu.com

CONTENTS
目录

CONTENTS

目录

第 1 章

[软装搭配之家具]

No.1 家具的材质分类

实木家具

实木家具由天然木材制造而成，如榉木、柚木、枫木、橡木、红椿、水曲柳、榆木、松木等都是实木家具的原材料，色泽天然，纹理自然，具有环保、健康等优点。

相比其他材质的家具，实木家具的使用寿命更长，是普通板式家具的5倍以上。

软装设计说明： 实木床与配套的床头柜让空间搭配更有整体感，也很符合美式风格的低调。

特色软装运用

1 美式壁灯

2 实木床

3 实木床头柜

特色软装运用

1 玻璃罩台灯

2 实木边柜

软装设计说明： 带有金属把手的实木边柜在造型上十分复古，为空间增添了一份厚重感。

特色软装运用

1 欧式四柱床

2 箱式床尾凳

3 开放式床头柜

软装设计说明：四柱床是古典欧式风格家具中的经典，是传统手工雕刻与精致品位的体现。

软装设计说明：设计线条简洁、色彩古朴的实木茶几搭配浅色调的布艺沙发，让客厅家具的层次更加突出。

特色软装运用

1 实木茶几

2 布艺沙发

特色软装运用

1 白色实木餐桌

2 太阳形状装饰镜

3 白色实木餐边柜

软装设计说明：蓝白色调的地中海风格让整个餐厅更加清新、自然。

板式家具

板式家具以人造板为主要材料，具有可拆卸、造型丰富、外观时尚、不易变形、价格实惠等特点。板式家具常见的饰面材料有天然薄木、木纹纸、PVC胶板、三聚氰胺板等，其中以天然薄木贴面的板式家具为最佳。板式家具造型多样，纹理色泽丰富，适合多种风格家居装饰使用，如现代风格、北欧风格、日式风格等。

特色软装运用

1 定制板式家具

软装设计说明：可根据实际空间进行定制搭配，是板式家具最大的优点，既能充分利用空间，又能取得很好的装饰效果。

软装设计说明：镶嵌式书桌与搁板充分利用了角落空间，一把复古座椅让软装搭配更加丰富。

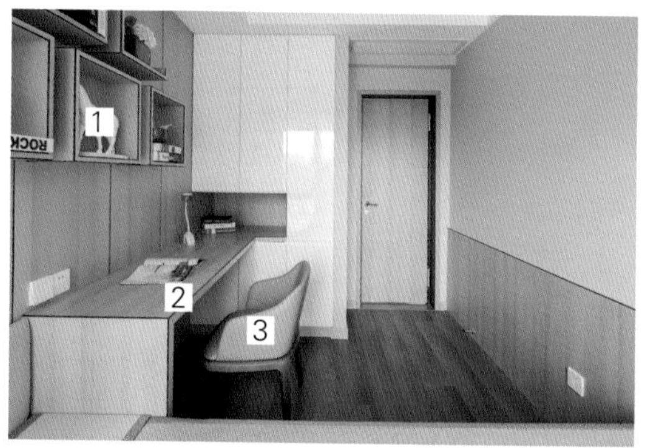

特色软装运用

1 陶瓷工艺饰品

2 定制板式家具

3 皮面座椅

软装设计说明：一体式设计的书柜与书桌让面积较小的书房既有整体感，又不会显得过分拥挤。

软体家具

软体家具由框架、海绵加外包构成，主要的代表是沙发和床。软体家具质地柔软、透气，保暖性好，相比其他材质的家具，更能给人带来舒适的感觉，并且耐用、易保养。

特色软装运用

1 皮革软体沙发椅

2 彩色装饰画

软装设计说明：低矮的皮革软体沙发椅让整个休闲空间更加自由、舒适。

软装设计说明：深色软体皮革茶几的运用打破了浅色调空间在色彩上的单一感。

软装设计说明：同色调的家具及墙面，让整个空间的色彩更有整体感。

布艺家具

布艺家具质感柔和、造型优雅、色彩图案丰富，能让居室的气氛更加温馨。布艺家具可清洗、更换布套，日常清洁维护方便。布艺家具常与藤质、纸纤维等材质家具搭配运用。

特色软装运用

1 组合装饰画
2 布艺沙发
3 黑白撞色抱枕
4 不锈钢茶几

软装设计说明：布艺沙发的运用完美缓解了金属与玻璃家具给空间带来的冰冷感，同时也让整个空间的软装色调更加和谐。

软装设计说明：以布艺家具为主角的空间内，即使选用黑、白、灰三种颜色，也不会让空间单调。

特色软装运用

1 现代铁艺落地灯
2 布艺沙发
3 纯毛地毯

特色软装运用

1 组合装饰画
2 美式布艺沙发
3 布艺抱枕

软装设计说明：卷边布艺沙发是美式田园风格中最经典的装饰元素，铆钉与实木雕花扶手的搭配更显精致、古朴。

金属家具

金属家具以金属材料和轻质高强度的合金材料为基材，是一种新兴环保、耐用型家具。大多数金属家具都会与木质、皮质或塑料元素相结合，既能调节视觉上的温度感，又不失新颖。

软装设计说明：茶几的黑色金属框架更加突出了玻璃饰面的通透感，为现代美式风格空间注入了时尚元素。

特色软装运用

1 玻璃饰面茶几
2 布艺沙发
3 欧式花边地毯

玻璃家具

玻璃家具是以金属或木材为主体支架，再用玻璃代替木材、金属、皮革等辅助材料制作而成的家具，通透又具有现代感。玻璃家具的主要品种有茶几、书桌、餐桌、圆桌等。

软装设计说明： 玻璃茶几在铆钉与黑色金属边框的修饰下，多了一份古朴的感觉。

特色软装运用

1 皮革沙发

2 玻璃茶几

特色软装运用

1 茶色玻璃茶几

2 虎腿皮革沙发

3 地毯

软装设计说明： 古典主义风格空间中，选用茶色玻璃作为茶几的饰面，既能为古典风注入一丝时尚的气息，又不显突兀。

藤艺家具

藤艺家具设计线条流畅，雅致古朴。大多数藤艺家具是以藤、竹为基材编制而成的，不如金属家具、木制家具那么结实，因此在使用中要避免阳光直射，室内要保持良好的通风，避免接近火源。藤艺能给人带来清新自然的感觉，其色彩幽雅、风格质朴，深受人们的喜爱。

软装设计说明：藤质茶几与座椅的优美线条体现了材质柔韧的特点，也增添了空间的田园气息。

特色软装运用

1 藤质沙发椅

2 铁艺壁灯

软装设计说明：布艺坐垫与靠枕的运用增强了藤质沙发的舒适感，也提升了空间色彩的层次感。

塑料家具

塑料家具以PVC为原料，造型多样，色彩明快，价格较低，深受年轻人的喜爱。当下流行的塑料家具主要有餐桌、餐椅及厨房用品等。

软装设计说明：透明塑料座椅的运用为空间增添了很强的科技感，也让整个黑白色调的空间更显时尚。

软装设计说明：座椅的承重框架选用木质材料，大大改善了塑料材质承重方面的不足，也让整个空间的家具搭配更加和谐。

特色软装运用

1 木腿塑料座椅

2 几何图案地毯

特色软装运用

1 创意塑料桌椅

2 数字图案地毯

软装设计说明：儿童活动室选用塑料家具是十分明智的，充分利用了其材质轻盈、色彩艳丽、安全性高的特点。

No.2 家具的风格分类

传统中式家具

传统中式家具一般可分为明式家具和清式家具两种。明式家具整体色泽淡雅，图案以名花异草或字画为主，造型简洁流畅，极具艺术气息；清式家具更加金碧辉煌、气质恢宏，家具造型复杂，图案多以龙、凤、狮、龟等象征富贵的事物为主。

特色软装运用

1 木质中式座椅
2 中式方桌
3 小型博古架

软装设计说明：做工精良、线条古朴雅致的中式座椅与方桌是整个休闲空间的焦点，不需要过多的复杂修饰，便能展现出中式传统文化的韵味。

软装设计说明：手工雕花圆桌和坐墩与中式餐边柜相呼应，搭配传统美式铁艺吊灯，营造出一个中西合璧的混搭风格空间。

特色软装运用

1 实木坐墩
2 实木圆桌
3 美式吊灯

新中式家具

新中式家具在设计造型上简化了许多，通过运用简单的几何形状来演绎传统中国文化的精髓，使家具不仅拥有典雅、端庄的中国韵味，而且具有明显的现代特征。相比传统中式家具，新中式家具在造型上更符合人体结构，更加舒适。

特色软装运用

1 铁艺吊灯

2 实木餐桌椅

软装设计说明：简化的圈椅让整个空间充满中式情怀，又不会显得过于厚重。

特色软装运用

1 布艺抱枕

2 实木茶几

3 地毯

软装设计说明：线条简洁的中式风格家具搭配具有古朴韵味的布艺饰品，让中式风格略显清新。

古典欧式风格家具

华丽的装饰、浓郁的色彩、精美的造型是古典欧式风格家具最明显的特点。大量繁复、精美的浮雕造型与雍容华贵的色彩相结合，充分展现了欧洲文化丰富的艺术底蕴。其中以哥特风格、巴洛克风格、洛可可风格最具代表性。

软装设计说明：描金兽腿家具的运用充分展现了古典欧式风格精致、奢华的特点。

特色软装运用

1 描金兽腿茶几
2 布艺沙发
3 水晶吊灯

特色软装运用

1 水晶吊灯
2 实木兽腿书桌

软装设计说明：在以白色为背景色的书房空间，深色实木兽腿书桌的运用让整个空间在色彩搭配上更有归属感。

现代欧式风格家具

现代欧式风格家具简化了线条，将古典风范和现代精神结合起来，使家具呈现出多姿多彩的面貌，虽有古典的曲线和曲面，但少了古典的雕花，多用现代家具的直线条。咖啡色、黄色、绛红色是欧式风格中常见的主色调，少量白色糅合其中，使色彩看起来明亮、大方，使整个空间具有开放、宽容的非凡气度。

特色软装运用

1 太阳形状装饰镜

2 描金餐桌椅

软装设计说明：造型简洁的描金家具是最能体现现代欧式风格轻奢感的元素之一。

特色软装运用

1 陶瓷底座台灯

2 皮革沙发

3 布艺抱枕

软装设计说明：相比古典欧式沙发的繁复，带有卷边扶手的现代欧式皮革沙发更简洁、更舒适。

现代风格家具

现代风格的家具材质多为新型材质，如不锈钢、塑料、玻璃等，带给人前卫、不受约束的感觉。现代风格家具线条简约流畅，色彩对比强烈，大多会使用一些纯净的色调进行搭配，在家具的设计上更加强调功能性。

软装设计说明：定制书柜的运用大大增强了书房空间的收纳功能，也在设计上使空间更有整体感。

软装设计说明：设计线条简洁大方的布艺沙发为现代风格空间带来了一丝暖意。

特色软装运用

1 布艺沙发

2 玻璃饰面边几

3 几何图案地毯

特色软装运用

1 整体玄关柜

2 钢化玻璃间隔

软装设计说明：嵌入式玄关柜大大节省了玄关的使用空间，简洁的设计造型也为空间注入了一丝时尚感。

美式风格家具

美式风格家具粗犷简洁、崇尚自然。色彩比较单一、怀旧，颇显浪漫主义风格。美式家具特别强调舒适实用和功能性。多采用胡桃木和枫木为主要材料，纹理清晰自然，五金装饰考究，独具异域风情。从设计造型方面来讲，美式家具可分为仿古风格家具、新古典风格家具和乡村风格家具三种。

特色软装运用

1 布艺沙发

2 实木边几

3 实木箱式茶几

软装设计说明：米色布艺沙发与木色仿古家具的搭配，展现了乡村美式田园生活的朴素与自然。

软装设计说明：仿古抽屉式书桌以厚重的色彩与古朴的造型成为整个空间视觉的焦点，也很好地稳定了大量浅色调给空间带来的轻浮感。

特色软装运用

1 布艺窗帘

2 实木抽屉式书桌

3 皮革沙发椅

田园风格家具

田园风格家具的特点主要体现在华丽的布艺与纯手工制作两方面。布艺花色秀丽，碎花、条纹、苏格兰图案是田园风格布艺家具中最常见的装饰图案，实木材料多选用松木、椿木，再搭配纯手工雕刻，更加显示出田园风格自然、淳朴的乡土风情。

特色软装运用

1 白色木质边柜

2 组合装饰画

3 落地灯

软装设计说明：白色边柜与壁纸的颜色形成对比，让整个空间的色彩基调更加明快。

特色软装运用

1 木质茶几

2 布艺沙发

软装设计说明：碎花纹布艺沙发与双色木质茶几搭配出一个清新、浪漫的空间氛围。

软装设计说明：摒弃一贯的白色木质家具，餐厅中选用木色饰面搭配白色框架的餐桌椅，让田园风格空间的色彩更加亲近自然。

特色软装运用

1 铁艺吊灯

2 实木餐桌椅

地中海风格家具

地中海风格家具主要以木质家具为主。其最明显的特征是家具上的擦漆做旧处理，这种处理方式除了可以让家具流露出古旧家具才有的质感外，更能展现出家具在碧海晴天之下被海风吹蚀的自然印迹，此外，低彩度的色彩、简洁圆润的线条也是地中海风格的一大特征。

软装设计说明：将木质茶几处理成做旧效果，搭配米色调的布艺沙发，便能展现出地中海风格朴素、沧桑的艺术感。

特色软装运用

1 实木餐桌椅

2 布艺沙发

3 布艺坐凳

软装设计说明：淡色调的空间内，蓝色木质餐桌椅与布艺沙发的加入增添了整个空间配色的层次感。

特色软装运用

1 组合装饰画

2 布艺沙发

3 箱式木质茶几

软装设计说明：做旧箱式茶几与淡色调的布艺沙发，搭配出地中海风格清新、自由的空间氛围。

东南亚风格家具

东南亚风格家具以浓郁的民族特色风靡世界，广泛运用木材和其他材料，如藤、竹、石材、青铜、黄铜等。大部分东南亚风格家具都会采用两种以上的不同材料混合编制而成，如藤条与木片、藤条与竹条、柚木与草编、柚木与不锈钢，各种编制手法和精心的雕刻混合运用，令家具作品成为一件手工艺术品。色彩上大多以深棕色、黑色等深色系为主，令人感觉沉稳大气。

特色软装运用

1 柚木四柱床

2 白色幔帐

3 椰壳板饰面茶几

软装设计说明：东南亚风格空间内对幔帐的运用十分常见，因此，简化的四柱床是搭配幔帐的最佳选择。

特色软装运用

1 布艺沙发

2 大理石茶几

3 云石台灯

软装设计说明：浅色调的布艺沙发与大理石茶几搭配出一个颇具现代时尚感的东南亚风格空间。

日式风格家具

传统的日式风格家具和中式古典风格家具类似，禅意悠远、意境深邃。榻榻米、糊纸格子拉门是传统日式最具代表性的家具。日式家具最大限度地强调功能性，装饰与点缀比较少，线条大多以直线为主，造型简单、低矮，使用功能较强。

特色软装运用

1 布艺窗帘

2 风景装饰画

3 木质书桌

软装设计说明： 原木色书桌有一定的收纳功能，又不会占用太多空间，是日式风格家具最经典的搭配元素。

特色软装运用

1 矮腿日式布艺沙发

2 大理石茶几

3 地毯

软装设计说明： 矮腿日式布艺沙发是整个客厅空间的主角，与大理石饰面茶几相搭配，舒适又时尚。

软装设计说明： 原木色边柜的多抽屉式设计，完美展现出日式家居对收纳功能的重视；精美的各色摆件及装饰画则有效缓解了原木色带来的单一感。

特色软装运用

1 和风装饰画

2 陶瓷工艺品

3 木质边柜

No.3 不同空间的家具分类

玄关家具的分类

作为居室的过渡空间，玄关的家具一般以边桌、玄关柜、斗柜和长凳为主。在材质上可以分为木质、铁艺、玻璃、石材或者几种材质的组合等，在风格上可以根据居室的整体风格来定。

特色软装运用

1 半隔断式玄关柜
2 筒灯
3 条案

软装设计说明：玄关柜与木质格栅的完美搭配，让玄关空间具备了一定的收纳功能，又不会影响空间采光。

特色软装运用

1 整体玄关柜
2 组合装饰画

软装设计说明：兼具功能性与装饰性的板式家具让小面积的玄关看起来很开阔。

边桌

玄关处的边桌多以半圆形的桌面为主，不仅能够节省空间，还具有艺术装饰性。如半圆形的桌面搭配带有精美木质雕刻的桌腿，怀旧感十足，同时带有传统经典的韵味。

特色软装运用

1 青花瓷花瓶

2 实木条案边桌

软装设计说明：条案类边桌是中式风格玄关的首选，既节省空间，又能起到画龙点睛的装饰作用。

特色软装运用

1 扇面装饰品

2 实木条案边桌

软装设计说明：造型简洁的中式条案与扇面装饰品成为玄关处的设计亮点，同时与客厅家具相呼应，让空间设计更有整体感。

特色软装运用

1 花环

2 铜质骨架台灯

3 实木半圆形边桌

软装设计说明：古朴圆润的实木半圆形边桌造型，使设计线条简洁的玄关空间更显雅致。

玄关柜

玄关柜有封闭式玄关柜和抽屉式玄关柜两种。封闭式玄关柜有充足的储物空间，体积较大，适合面积较大的玄关使用；而抽屉式玄关柜比较纤细，不会占用太多空间，又同时具备适量的储物空间，可以放置钥匙、信件等小物件，因此比较适合狭窄的小型玄关使用。

软装设计说明：玄关柜的设计造型简洁大方，集收纳、展示等功能于一体，既实用又美观。

玄关柜造型速查档案

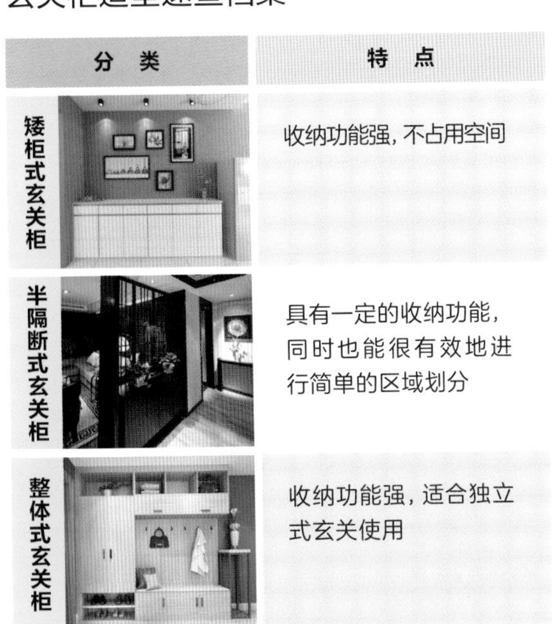

分　类	特　点
矮柜式玄关柜	收纳功能强，不占用空间
半隔断式玄关柜	具有一定的收纳功能，同时也能很有效地进行简单的区域划分
整体式玄关柜	收纳功能强，适合独立式玄关使用

长凳

长凳造型修长，一般用于脱换衣鞋、摆放和收纳鞋子。除此之外，还可以在其上方增加挂钩或者在凳子下方添置储物篮来增强实用功能。

软装设计说明：玄关柜与长凳的一体式设计简洁、实用，既能增强玄关处的收纳功能，又方便穿脱鞋，同时让玄关设计更有整体感。

特色软装运用

1 整体玄关柜

2 彩色布艺抱枕

软装设计说明：嵌入式玄关柜与长凳相结合，再搭配彩色布艺抱枕与坐垫，成为整个空间设计的亮点。

斗柜

斗柜的体积相对比较大，因此其储物空间也较大，而且装饰性强，造型也比较传统古典，十分适合面积较大的玄关。

软装设计说明：斗柜的线条优美流畅，描金绘制的图案精美奢华，是整个玄关处的装饰亮点。

软装设计说明：金属色玄关柜优美的弧形曲线、复古的造型给玄关带来奢华的气息。

软装设计说明：造型别致的斗柜与装饰画巧妙搭配，给整个玄关空间增添了无限的趣味。

餐厅家具的分类

餐厅是人们享受美食的空间，因此无论是颜色搭配还是布局布置，都应该让人感到放松、愉悦。餐厅家具一般包括具有收纳功能的餐边柜、餐桌和餐椅等。

特色软装运用

1 组合装饰画

2 木质餐桌

3 皮质餐椅

软装设计说明： 创意造型的餐桌成为现代风格餐厅中最亮眼的家具元素，造型简洁，时尚感十足。

软装设计说明： 方形餐桌是现代风格餐厅中最经典的家具元素，也是最好搭配的家具，可以根据餐厅的实际面积来选择餐桌的大小。

特色软装运用

1 嵌入式餐边柜

2 木质餐桌

软装设计说明： 餐边柜与餐桌的材质色彩相同，体现了整个餐厅空间在家具搭配上的整体感；高脚式设计的餐桌椅为略显古朴的空间氛围增添了一丝时尚感。

特色软装运用

1 嵌入式餐边柜

2 创意玻璃吊灯

3 实木餐桌

大理石餐桌

现代石材餐桌拥有简洁流畅的线条和细腻优雅的表面，让人感觉很舒服。大理石餐桌以其纹理自然、色泽美丽、硬度高、耐磨性强等诸多优点，成为大多数人购买餐桌时的首选。大理石餐桌虽然比较显档次，但是不及实木餐桌健康，而且其体形庞大，搬运困难，不易挪动，一般只适合大户型空间使用。

特色软装运用

1 大理石餐桌

2 板式餐边柜

软装设计说明：现代风格的长方形大理石餐桌，外观时尚，彰显出现代风格家具的大气时尚感。

软装设计说明：复古风格的大理石餐桌整体线条圆润流畅，具有浑厚稳重的感觉，搭配木质餐椅更显优雅大气。

特色软装运用

1 大理石餐桌

2 实木餐椅

特色软装运用

1 长方形大理石餐桌

2 塑料餐椅

软装设计说明：长方形大理石餐桌保留了石材的粗犷感，在餐厅中起到了聚焦视线的作用。

实木餐桌

实木餐桌是以实木为主要材质制作而成的，通常有圆形、长方形、正方形、多边形等多种造型。一般如果进餐人数多，大部分使用圆形餐桌或者椭圆形餐桌。正方形餐桌和长方形餐桌一般适合四人进餐，因此也被称为四人餐桌。除此之外，实木餐桌可以是古色古香的传统风格，也可以是清新自然的现代风格，百变百搭是它的最大优点。

特色软装运用

1 水晶吊灯

2 水晶烛台

3 长方形实木餐桌

软装设计说明：古典风格餐厅中不可或缺的便是造型古朴的实木餐桌，再搭配水晶烛台与吊灯，让整个空间尽显欧式古典风格的奢华韵味。

软装设计说明：实木餐桌搭配带有布艺坐垫的餐椅，让整个餐厅的搭配柔和又不失古朴的质感。

特色软装运用

1 水晶吊灯

2 实木餐桌

特色软装运用

1 纸质灯罩吊灯

2 实木餐桌

3 铁艺餐椅

软装设计说明：北欧风格空间对原木色的运用是随处可见的，大量的玻璃器皿与精美花卉，勾画出一个舒适自然的空间氛围。

玻璃餐桌

玻璃餐桌都是采用钢化玻璃作为桌面，以金属、藤竹等材料作为桌子的支架，相比木质餐桌而言，玻璃餐桌不会受室内空气的影响，不会因湿度不宜而变形；相比大理石餐桌，清理、养护更加容易，占用空间小；相比塑料餐桌更安全环保，无污染、无辐射。玻璃餐桌的简洁、通透更是其优势所在。

软装设计说明：悬空式玻璃餐桌，造型独特，十分具有现代感，更加契合工业风格的特点。

特色软装运用

1 玻璃餐桌

2 高脚凳

3 创意吊灯

特色软装运用

1 黑色钢化玻璃餐桌

2 绒布饰面餐椅

软装设计说明：黑色钢化玻璃餐桌无疑是整个餐厅的设计亮点，圆润的桌面造型与“X”形桌腿设计完美体现出现代风格的时尚感。

餐边柜

餐边柜更适合空间较大的餐厅使用，它可以让整个餐厅看起来更加充实。在材质选择上，餐边柜有全木的、木材与玻璃相结合的、金属与玻璃相搭配的。在功能上，除了基本的收纳功能，还可以摆放一些独具特色的饰品、瓷器、餐具、酒品。

餐边柜造型速查档案

分类		特点
半高式餐边柜		具有一定的收纳功能，同时也能进行简单的区域划分，移动方便
嵌入式餐边柜		收纳功能强，适合独立式餐厅使用，需要定制，不可移动

特色软装运用

1 铁艺吊灯

2 风景油画

3 铁艺壁灯

软装设计说明：为了体现餐厅设计的整体感，餐边柜与餐桌椅可以在材质、款式或颜色选择上相呼应，否则会让整个用餐空间出现违和感。

软装设计说明：面积不是很大的餐厅中，选用整体式餐边柜作为餐厅墙面的装饰，一方面能起到收纳作用，一方面还可以进行空间装饰。

特色软装运用

1 现代水晶吊灯

2 整体式餐边柜

3 不锈钢支架餐椅

厨房家具的分类

厨房中，操作台和周边墙面的样式很能体现出使用者的喜好与个性。橱柜作为厨房不可或缺的家具之一，除了注意样式的选择，在材质的选择上要更加精细，其防潮、防火、隔热等功能是必须考虑的因素。

橱柜布置方法速查档案

分类		特点
一字形橱柜		一字形橱柜适用于面积较小的空间，且呈狭长形的厨房。所有工作区沿一面墙一字形布置，这样的橱柜可以有效利用空间
L形橱柜		L形橱柜更加灵活，无论空间大小，都可以使用。橱柜工作区沿墙做90° 双向展开。这样的布局比较容易布置出相对独立的烹饪区和洗涮区
U形橱柜		U形橱柜这种配置的工作区有两个转角，它的功能与L形大致相同，使用起来更方便。U形配置时，工作线可与其他空间的交通线完全分开，不受干扰
岛形橱柜		岛形橱柜是厨房中间摆置一个独立的料理台或工作台，可供多人同时在料理台上准备餐点，由于厨房多了一个料理台，所以布置岛形橱柜需要较大的空间

实木橱柜

实木橱柜环保美观，纹路自然，给人返璞归真的感觉。传统的实木橱柜在造型上加入雕花、格栅等装饰，让整个柜体更加出彩。现行的实木橱柜主要分为纯实木橱柜、实木复合橱柜和实木贴面橱柜。

特色软装运用

1 实木橱柜

软装设计说明：带有金属把手与雕花装饰的实木橱柜，体现了古典风格的精致品位。

软装设计说明：橱柜的彩色陶瓷把手成为整个橱柜设计的亮点，与彩色墙砖相呼应，为鼓噪的厨房增添了生趣。

软装设计说明：板面深色的实木橱柜在大面积的厨房空间不会显得压抑，反而能为空间增添一定的稳重感。

烤漆橱柜

烤漆橱柜的基材为密度板，表面经过高温烤制而成。烤漆橱柜色彩华丽，很受年轻人的喜爱。但由于受到工艺水平的限制，很容易出现变色的现象，而且烤漆橱柜比较怕磕碰，容易出现划痕。

特色软装运用

1 木纹烤漆橱柜

软装设计说明：横向木纹烤漆橱柜在视觉上起到了一定的延伸作用，让整个厨房空间看起来更加稳重与经典。

特色软装运用

1 白色烤漆橱柜

软装设计说明：造型简洁的白色烤漆橱柜，既低调，又让小空间显得更加明亮。

软装设计说明：白色烤漆橱柜与高脚凳相搭配，打造出一个精致又时尚的现代厨房空间。

特色软装运用

1 白色烤漆橱柜

2 旋转式高脚凳

吸塑橱柜

吸塑橱柜采用了PVC膜压工艺，具有防水、防潮的功能。吸塑橱柜有亮光和亚光两种效果，经过一定的造型处理后光泽细腻、色彩柔和。门板表面光滑易清洁，没有杂乱的色彩和繁复的线条，适合设计风格比较简洁明快的厨房使用。

软装设计说明：白色整体橱柜与白色墙面、台面完美搭配，营造出一个简洁、干净的厨房空间。

特色软装运用

1 白色吸塑橱柜

2 搪瓷灯罩吊灯

3 黑色人造石台面

特色软装运用

1 铁艺吊灯

2 吸塑橱柜

软装设计说明：黑、白、灰三色的完美搭配，展现出工业风格的硬朗与干练。

客厅的家具分类

客厅是与亲朋好友畅谈、相聚、休闲的区域，客厅的家具应是装饰性与实用性并存。沙发、茶几无疑是客厅中不可或缺的家具。其中，沙发是客厅家具的灵魂。

特色软装运用

1 猫脚茶几

2 欧式布艺沙发

3 欧式花边地毯

软装设计说明：描银复古家具的线条优美、做工精致，与布艺沙发搭配，让古典欧式风格的奢华氛围更加舒适。

沙发布置方法速查档案

分 类	特 点
U形摆法	U形摆法是最常见的客厅沙发摆放形式，适合任何客厅。这种客厅沙发摆放形式能够充分利用空间
L形摆法 	L形沙发组合形式变化丰富，最适合方形客厅
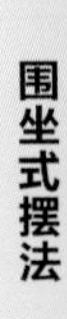 围坐式摆法 	围坐式沙发摆放法能够让全家人围坐在一起看电视，或者很多朋友围坐在一起高谈阔论，具有聚合感，营造出温馨、和睦的家居环境。以一张大沙发为主体，配上两个单人扶手椅或者扶手沙发的围坐式家具摆放法适合中等大小长方形客厅使用

舒适的美式沙发

美式沙发主要强调舒适性，人们坐在其中，感觉像被温柔地环抱住一般。美式沙发主要以实木作为主框架，沙发的底座采用弹簧加海绵制造而成，这使得美式沙发十分结实耐用。

特色软装运用

1 皮革沙发

2 实木茶几

3 地毯

软装设计说明：美式沙发的卷边设计，不仅舒适，而且装饰效果更好。

软装设计说明：米色调的布艺沙发增强了空间的舒适感，也柔化了深色调地面为空间带来的沉闷感。

特色软装运用

1 布艺沙发

2 布艺沙发椅

3 实木电视柜

自然朴素的日式沙发

日式沙发最大的特点是呈栅栏状的木扶手和矮小的设计。这样的沙发最适合崇尚自然、朴素的居家风格的人士。小巧的日式沙发，透露着严谨的生活态度。因此日式沙发也经常被一些办公场所选用。

特色软装运用

1 布艺沙发

2 木质茶几

3 整体玄关柜

软装设计说明：米色调的日式布艺沙发简约时尚，让人感受到轻松的日式气息。

特色软装运用

1 日式三人布艺沙发

2 皮质沙发凳

3 组合电视柜

软装设计说明：低矮的日式沙发造型简洁、色彩沉稳，营造出优雅舒适的空间氛围。

特色软装运用

1 日式布艺沙发

2 实木茶几

3 塑料座椅

软装设计说明：白色布艺沙发优雅舒适，为空间带来色彩上的层次感，有效缓解了深色调的沉闷感。

四季皆宜的中式沙发

中式沙发的特点在于完全裸露在外的实木框架。上置的海绵椅垫可以根据季节的变换需求来进行更换。这种灵活的方式，使中式沙发深受许多人的喜爱：冬暖夏凉，方便实用，我国南北方地区均可使用。

特色软装运用

1 黑色实木边几

2 中式布艺沙发

3 四腿台灯

软装设计说明： 黑色实木框架与实木边几的运用让整个空间的家具搭配更有层次。

特色软装运用

1 彩色抱枕

2 中式布艺沙发

3 藤质坐墩

软装设计说明： 现代中式风格中多选用米白色的布艺沙发，若想让空间色调更有层次，可以选用几只彩色布艺抱枕或精美的花卉进行修饰。

特色软装运用

1 布艺沙发

2 箱式实木茶几

3 中式回字纹地毯

软装设计说明： 浅色调的布艺沙发削弱了深色调的沉闷感，为空间增添舒适、雅致的感觉。

简洁的新欧式沙发

新欧式沙发的特点是富于现代感，色彩比较清雅，线条简洁，适用的范围广，可置于各种风格的居室中。近年来较流行的是浅色的沙发，如白色、米色等。

特色软装运用

1 布艺沙发

2 大理石圆形茶几

3 植物图案地毯

软装设计说明：新欧式风格沙发的造型简洁，柔软舒适的面料让生活更加精致。

特色软装运用

1 布艺沙发

2 钢化玻璃茶几

3 几何图案地毯

软装设计说明：现代欧式风格的布艺沙发造型简洁舒适，打造出一个温暖舒适的空间氛围。

软装设计说明：套装欧式风格沙发，色彩华贵，造型舒适，在客厅中起到了聚焦视线的作用。

特色软装运用

1 水晶吊灯

2 布艺沙发

3 实木电视柜

温和的木质茶几

木质茶几给人温和的感觉。浅淡木色茶几非常适合和流行的浅淡色泽的皮沙发或布艺沙发相配；而雕花或拼花的木质茶几，则流露出华丽的美感，较适合应用于古典风格的空间。

特色软装运用

1 木质茶几

2 藤质坐垫

3 地毯

软装设计说明：木质茶几与藤质坐垫相搭配，为空间增添了一份自然、质朴的味道。

特色软装运用

1 木质茶几

2 布艺沙发

3 几何图案地毯

软装设计说明：适当选用深色调的小型木质茶几，既能提升空间的色彩层次，又能展现木质材料的温和。

崇尚自然主义的藤竹类茶几

藤竹类茶几主要以显示自然主义风情为主，风格沉静、古朴。适合搭配木质的沙发或者藤质的沙发，最好为配套家具。

软装设计说明：藤质座椅与休闲茶几，让整个阳台空间尽显舒适、自然的空间氛围。

特色软装运用

1 藤质茶几

2 藤质靠背椅

软装设计说明：洗白的藤质座椅与茶几结实稳固，时尚雅致，营造出一个东南亚风格的园艺空间。

特色软装运用

1 藤质座椅

2 藤质茶几

特色软装运用

1 藤质家具

2 布艺抱枕

3 混纺地毯

软装设计说明：藤质家具优美的弧形曲线、时尚的造型给空间带来一丝质朴的感觉。

通透的玻璃茶几

玻璃茶几一般会采用金属作为支架，具有明澈、清新的透明质感，经过光影的穿透，富于立体效果，能够让空间变大，更有朝气。所以玻璃茶几充满活力，造型现代的玻璃茶几可用于清新、自然的空间。而雕花玻璃和铁艺结合的茶几则适合古典风格的空间，和宽大的美式休闲沙发也很相配。

特色软装运用

1 巨幅装饰画

2 玻璃饰面茶几

3 布艺沙发

软装设计说明： 玻璃茶几选用黑色木质框架，可以有效缓解玻璃材质反光造成的冰冷感。

特色软装运用

1 玻璃饰面茶几

2 布艺沙发

3 素色地毯

软装设计说明： 现代风格空间内多选用金属与玻璃相结合的茶几作为装饰，以此来体现家具搭配的时尚感。

简约的大理石茶几

大理石茶几外观时尚，而且容易清理，不易损坏；通俗地讲，大理石茶几是由台面与底座构成的，其台面由人造大理石或天然大理石制成，底座一般为实木或其他材料制成。大理石茶几自身比较重，不适合经常挪动。

特色软装运用

1 大理石茶几
2 仿动物摆件

软装设计说明：大理石茶几造型圆润，色彩淡雅，与不锈钢框架结合，散发出现代风格的时尚感。

特色软装运用

1 大理石茶几
2 布艺沙发
3 几何图案装饰画

软装设计说明：大理石方形茶几造型简洁大方，彰显出现代家具的大气时尚。

多变的组合电视柜

组合电视柜的特点就在于组合二字，可以将电视柜和酒柜、装饰柜、地柜等家具组合在一起，形成独具匠心的组合电视柜。

软装设计说明：组合形式的电视柜是所有电视柜样式中收纳功能最强的一种，与所容纳的物件一起形成客厅空间最亮眼的装饰焦点。

特色软装运用

1 组合电视柜
2 精美瓷器
3 藤质收纳筐

特色软装运用

1 仿古组合电视柜
2 仿古实木茶几
3 布艺沙发

软装设计说明：仿古风格的组合柜让整个客厅空间都散发着一种被岁月侵蚀的艺术感。

实用型板架式电视柜

板架式电视柜在家居装饰和使用上具有一定的重要性。其特点大致和组合电视柜相似，不同之处主要在于采用的是板材架构设计，使其实用性和耐用性更加突出。通常有钢木结构、玻璃、钢管、大理石结构及板式结构。

特色软装运用

1 板架式电视柜

软装设计说明：板架式电视柜造型简洁，实用性强，塑造出一个简约大气的空间氛围。

软装设计说明：白色板架式电视柜简洁时尚，使整个空间都散发着大气时尚的气息。

特色软装运用

1 板架式电视柜

简洁百搭的地柜式电视柜

地柜式电视柜的形状大致与地柜类似，也是现代家居生活中使用最多、最常见的电视柜之一。地柜式电视柜的最大优点就是能够起到很好的装饰作用，无论放在客厅还是放在卧室，它都会占用极少的空间而实现最佳的装饰效果。

特色软装运用

1 地柜式电视柜

2 斑马纹地毯

3 布艺沙发

软装设计说明：低矮的地柜式电视柜设计造型虽然十分简单，但却十分实用。

特色软装运用

1 地柜式电视柜

2 金属边几

软装设计说明：镶嵌金属把手的电视柜的装饰效果很强，也十分符合现代欧式风格的轻奢氛围。

特色软装运用

1 地柜式电视柜

2 铁艺茶几

3 布艺沙发

软装设计说明：电视柜的色彩和材质与隔断相同，既不会显得突兀，又为空间增添了一丝暖意。

卧室家具的分类

舒适的卧室离不开温馨的色彩搭配、舒适的床品、良好的通风等。在家具选择上，一张舒适的床无疑是卧室中的灵魂，不同风格的卧室都应搭配一张材质合理、造型匹配、色彩和谐的床。除此之外，衣柜和床头柜也是不可或缺的卧室家具。

软装设计说明：美式实木布艺双人床的软包靠背，造型简洁，营造出一个简约大气的空间氛围。

特色软装运用

1 木质平板双人床

2 箱式床头柜

3 陶瓷底座台灯

软装设计说明：木质平板双人床的设计造型颇具现代感，与木色相结合，让整个睡眠空间更加舒适、自然。

软装设计说明：经典的古典美式四柱床是整个卧室空间的视觉焦点，彰显了古典主义的精致与奢华。

特色软装运用

1 实木四柱床

2 陶瓷底座台灯

3 开放式床头柜

平板床

平板床的构造非常简单，由床头板、床尾、床骨架组成。虽然结构简单，但是平板床却是千变万化的，它的主要变化来源于床头板与床尾，不同风格与材质的床头板和床尾组成不同风格的平板床，而且床头板与床尾并不是必需品，在空间过于狭小的卧室中，还可以将它们拆掉。平板床的主要材质是木质或者金属与木质相结合。

特色软装运用

1 布艺窗帘

2 实木平板床

软装设计说明： 平板床的造型结构十分简洁、大方，非常适合老人使用。

特色软装运用

1 壁灯

2 木质开放式床头柜

3 布艺沙发椅

软装设计说明： 带有软包床头的平板床无论在视觉上，还是在实际使用中，都能给人带来舒适感。

四柱床

四柱床发源于欧洲，是一种比较宽大、做工比较精细的床。四柱床以实木作为主要材质，它的四根柱子都是经过精雕细琢的，雕饰风格比较多变。大多在古典欧式风格、美式风格中使用。

特色软装运用

1 美式四柱床

2 铁艺壁灯

3 仿皮毛地毯

软装设计说明：美式四柱床搭配柔软的布艺靠背，彰显出美式风格的优雅大气。

软装设计说明：白色简化版的四柱床与大朵花纹布艺床品相搭配，尽显田园风格的自然与舒适。

特色软装运用

1 白色实木四柱床

2 箱式床头柜

3 大朵玫瑰图案床品

特色软装运用

1 实木雕花四柱床

2 铜质吊灯

3 欧式梳妆台

软装设计说明：雕花装饰的古典实木四柱床，造型优美，制作工艺精良，充分展现了古典欧式风格的奢华特点。

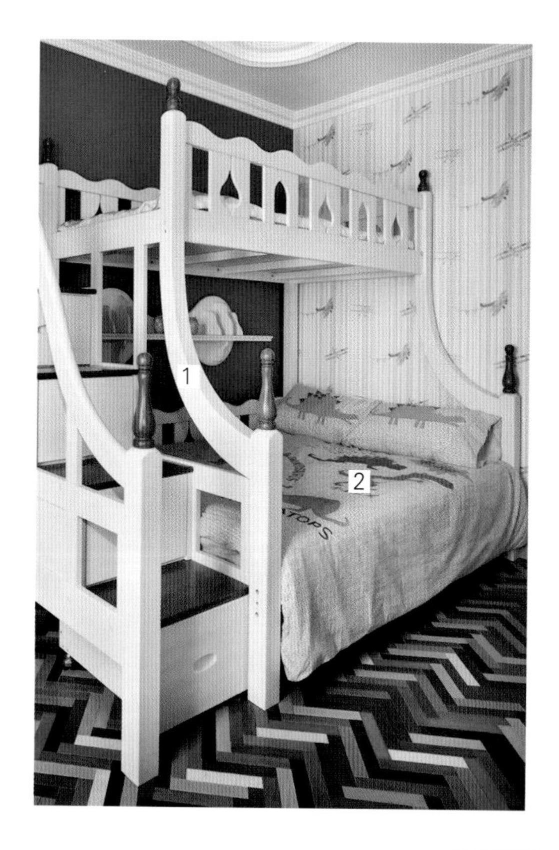

双层床

双层床是儿童房中比较多见的一种功能性很强的床，材质以实木、金属为主。双层床比较节约空间，适合小空间卧室使用。

特色软装运用

1 木质双层床

2 纯棉布艺床品

软装设计说明：白色与木色相结合的双层床与充满童趣的床品相结合，营造出一个舒适、温馨的儿童房空间。

软装设计说明：实木复古型双层床适合青少年或者青年人使用，在床品的颜色选择上应尽量以浅色或明亮的暖色为主。

特色软装运用

1 实木双层床

2 彩色装饰画

特色软装运用

1 木质双层床

软装设计说明：小面积的儿童房适合选用浅色调的双层床，既节省空间，又不会因为颜色而产生压抑感。

软包床

软包床主要以软包作为床头靠背，舒适又不失奢华，床头边缘大多会以铆钉或卷边作为修饰，使其更具有轮廓感；床头靠背的材质主要有布艺和皮革两种；色彩多以卧室的整体搭配为基准。软包床在欧式风格卧室中比较常见。

特色软装运用

1 高靠背软包床

2 复古造型台灯

3 箱式床头柜

软装设计说明：高靠背软包床造型简洁大方，面料柔软舒适，展现出美式生活的低奢品质。

特色软装运用

1 欧式软包靠背床

2 陶瓷底座台灯

3 箱式床头柜

软装设计说明：精美的实木雕花在描银的修饰下更显奢华韵味，与精美舒适的床品相搭配，演绎了欧式生活的精致与奢华。

软装设计说明：实木高靠背布艺床的舒适感让整个空间都散发着悠闲慵懒的空间氛围，是一个完美的睡眠空间。

特色软装运用

1 实木高靠背软包床

2 印花布艺床品

3 彩色铁艺台灯

简洁明快的推拉门衣柜

推拉门衣柜又称一字形整体衣柜，分为内推拉衣柜和外挂推拉衣柜。内推拉衣柜是将衣柜门置于衣柜内，空间利用率较高；外挂推拉衣柜则是将衣柜门置于柜体之外，多数是根据居室环境及用户需求量身定制的，空间利用率非常高。总体来说，推拉门衣柜适合相对面积较小的卧室，以现代风格为主。

特色软装运用

1 黑白装饰画

2 推拉门衣柜

3 纯棉布艺床品

软装设计说明：选用木饰面板和磨砂玻璃作为衣柜的推拉门，可以让简洁的空间在装饰材质上更加丰富。

传统的平开门衣柜

平开门衣柜是靠烟斗合页连接门板和柜体的传统开启方式的衣柜。衣柜档次高低主要是看门板用材、五金品质两方面，优点是比推拉门衣柜要便宜很多，缺点则是比较占用空间。平开门衣柜一般分为单门和双门两种。

软装设计说明：黑白色调的空间内，大型白色衣柜的运用有效地将黑、白两种颜色的面积控制在最佳比例，以此避免黑白等比或大面积黑色给空间带来的不适感。

特色软装运用

1 木质平开门衣柜

2 软包平板床

特色软装运用

1 板式平开门衣柜

软装设计说明：平开门衣柜的隐藏式把手设计让空间的装饰线条更加平滑流畅，增强了空间的时尚感。

衣柜的摆放禁忌速查

1.卧室衣柜最好不正对着床铺摆放。如果卧室衣柜放在床尾处，正对着床头，很容易让人感受到衣柜带来的压力

2.不要将衣柜摆放在窗户的位置，更不能让衣柜堵住窗户，以免让人产生压抑感，阻碍光线与空气的流通

特色软装运用

1 实木平开门衣柜

2 壁纸

3 实木四柱床

软装设计说明：衣柜的设计造型奠定了整个空间美式风格的基调，也彰显了古典美式家具的精致。

前卫实用的开放式衣柜

开放式衣柜的储存功能很强，而且比较方便，开放式衣柜比传统衣柜更前卫，虽然很时尚，但是对于房间的整洁度要求也是比较高的，所以要经常注意衣柜清洁。

特色软装运用

1 开放式衣柜

2 布艺座椅

3 纯毛地毯

软装设计说明：独立式衣帽间十分适合选用开放式衣柜。

软装设计说明：空间较小的卧室如果选用开放式衣柜，可以适当选用玻璃推拉门作为装饰。

特色软装运用

1 开放式衣柜

2 装饰镜面

3 提花布艺床品

软装设计说明：色调沉稳的卧室空间，可以选用开放式衣柜来减少空间的压抑感。

开放式床头柜

开放式床头柜没有闭合的收纳箱，但是有外露的陈列架。一般会采用实木做出弯曲造型，采用两种颜色，比传统方正的床头柜多了几分时尚感。

特色软装运用
1 白色实木家具
2 绿色实木家具

软装设计说明：白色床头柜的仿古做旧工艺，让整个空间都散发着浓郁的自然气息。

特色软装运用
1 木质床头柜
2 现代风格台灯
3 软包床

软装设计说明：床头柜的造型简洁，色彩沉稳，营造出一个优雅大气的空间氛围。

特色软装运用
1 实木床头柜
2 实木四柱床
3 仿古台灯

软装设计说明：床头柜的造型圆润，材质和色调与床相符，使卧室空间的设计更具整体感，同时也展现了古典主义风格的奢华与精致。

套餐床头柜

套餐床头柜其实是一组组合茶几，但是放在床头位置却别有味道，显得华丽气派。可以放一个，也可以大中小三个一起搭配，很适合欧式古典风格的居室。

特色软装运用

1 套餐床头柜

2 实木弯腿边柜

3 地毯

软装设计说明：造型简化的四柱床与套餐床头柜，打造出现代欧式风格精致奢华的特点。

凳式床头柜

之所以给它这样的称谓，是因为这种床头柜同时具有凳子的功能。上下两层可以分开，上层是木制床头柜的收纳箱，下层是皮制的方台，移开收纳箱后，它就成为床前的一张矮凳。

特色软装运用

1 实木平板床

2 实木床头柜

3 布艺沙发椅

软装设计说明：采光好的卧室可以适当选用一些材质颜色比较低沉的家具，可以起到一定的吸光作用，又不会显得过分压抑。

精致的美式梳妆台

美式梳妆台在选材上多以实木作为主材，顶部装饰有木质的镂空雕花设计，两侧的妆镜犹如一扇开启的窗户。梳妆台下方大多会设计有多个抽屉，再配以精致独特的金属把手，充分展现了美式田园舒适精致的生活方式。

特色软装运用

1 植物图案布艺窗帘

2 美式实木梳妆台

软装设计说明：美式简约仿古梳妆台的线条简洁流畅，椅子曲线优美，搭配植物图腾布艺座套，散发出浓浓的美式风情。

软装设计说明：复古美观的美式梳妆台搭配条纹图案的布艺座椅，增添了深色调空间的轻盈感。

软装设计说明：梳妆台的手绘花草图案尽显美式田园风格的清新与自然质感。

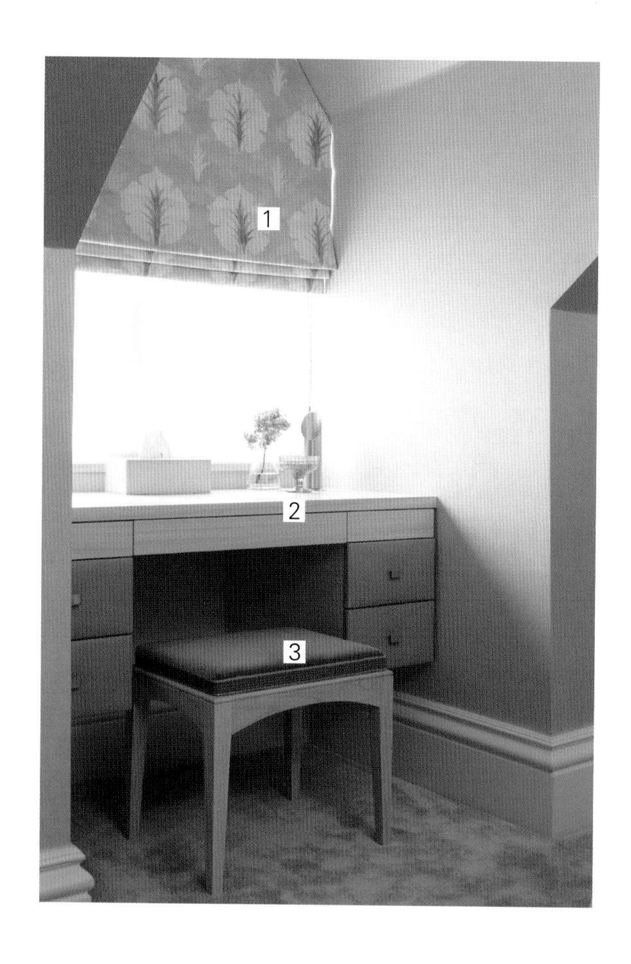

简约的现代梳妆台

现代简约风格的梳妆台大多会以板材为主，造型简洁，线条简单，十分强调收纳功能；占地面积小，适合面积较小的卧室空间使用。

特色软装运用

1 布艺窗帘

2 现代木质梳妆台

3 布艺面料坐凳

软装设计说明：现代风格空间中选用装饰线条简洁大气的梳妆台，再搭配色彩柔和的布艺软装，让整个空间时尚又温馨。

特色软装运用

1 圆形镜面

2 现代木质梳妆台

3 皮面坐墩

软装设计说明：造型简易的梳妆台仅通过一个简单的抽屉进行物品的收纳，整洁干净。

古朴的欧式古典梳妆台

欧式梳妆台多采用实木材质，妆镜周围和梳妆台脚都会装饰有精美的实木雕花，使整个梳妆台显得古典而又不失新潮。

特色软装运用

1 实木雕花描金梳妆台

2 兽腿座椅

软装设计说明：描金雕花的复古梳妆台，造型优雅迷人，带来浓郁的古典欧式气息，把整个空间装饰得奢华而浪漫。

软装设计说明：梳妆台的设计造型古朴，追求简洁、复古的时尚感。

特色软装运用

1 欧式梳妆台

2 精美花艺

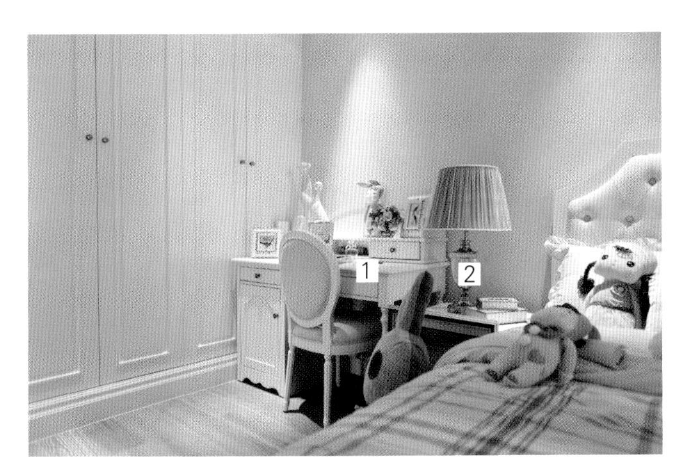

特色软装运用

1 白色实木梳妆台

2 水晶布艺台灯

软装设计说明：白色储物式梳妆台的造型简约时尚，又不失复古韵味。

书房家具的分类

书房是居室主人专心工作和学习的地方，为了避免乏味，在设计风格上应避免过于单调。书房的家具以书桌、书柜为主。

特色软装运用

1 实木整体书柜

2 实木猫脚书桌

3 地毯

软装设计说明： 造型古朴的实木书桌和书柜，体现了欧洲古典文化的底蕴。

书房家具布置方法速查档案

分 类		特 点
一字形摆法		一字形摆法是将书房家具，如书柜、书桌等大家具与墙平行摆放，这样布置显得简洁通透，大窗台与对面的光相互呼应，打造出一个明亮简洁、宁静致远的书房。要注意的是这样的布置方法更适合采光良好的书房，不太适宜一整天需要开灯照明的书房
L形摆法		L形摆法的布置特点是将书柜和书桌成直角摆放，这样的格局能够充分利用空间，显得紧凑却不拥挤，节省空间，适合小户型书房运用
U形摆法		U形摆法是将书桌摆在书房的中间，周围的书柜、置物架等围绕着书桌，形成一个中心工作点，这种格局的家具摆放更适合大户型书房的布置，能够有效减少工作台与取物区的距离，且将空间的优势发挥出来，打造出大气典雅的书房

现代简约书桌

现代简约书桌以小巧、简洁、实用为主要特点。在材质选择上也比较广泛，如玻璃、不锈钢、金属、实木、人造板材等，都可以作为书桌的基材；造型上简洁流畅，不占空间，是小面积书房的首选。

软装设计说明：现代风格书桌的造型十分简洁，金属支架、实木台面，独特的材质搭配使其成为书房设计的亮点。

软装设计说明：悬空式的抽屉书桌，外观时尚，又具有一定的收纳功能，充分体现了现代风格功能性为先的装修理念。

古典抽屉式书桌

对称的桌肚设计，是古典书桌最主要的特征。书桌边缘柔美，带有圆润的弧度，同时具有很大的储物空间，兼具实用性与装饰性。古典抽屉式书桌的主要材料为实木，因此造价比较高，适合面积较大的书房使用。

软装设计说明：古典抽屉式书桌的造型稳重，收纳功能强大，成为体现整个书房空间风格特点的焦点。

博古架

博古架是一种在书房中陈列古玩珍宝的多层木架，类似书架式的木器，是传统中式风格家居中最为经典的家具之一。博古架的每层形状不规则，前后均敞开，无板壁封挡，便于从各个位置观赏架上放置的器物。博古架上可摆放一些玉器、瓷器、鎏金器物等饰品，堪称中式风格中最佳展示能手。

软装设计说明： 木色家具在彩色斑斓的瓷器与工艺品的点缀下，烘托出传统中式文化的韵味与内涵。

特色软装运用

1 博古架

2 中式实木书桌

特色软装运用

1 中式家具

2 瓷器

3 文房四宝

软装设计说明： 仿古家具与瓷器、文房四宝、古书籍等物品，让整个书房空间都散发出浓郁的古典中式韵味。

特色软装运用

1 宫灯

2 中式家具

3 瓷器

软装设计说明： 书房中木质家具的精美雕花，展现了传统中式家具的精髓。

书柜

书柜按照设计样式一般可以分为悬挂式、倚墙式、嵌入式、独立式。

悬挂式书柜比较节省空间，书柜底部的空间完全可做他用，同时还能起到装饰墙面的作用。

倚墙式书柜占用空间极其有限，适用于面积较小的书房，书柜中丰富的层架给生活带来极大的便利。

嵌入式书柜可以根据需要存放的物品来量身定制，除了尺寸外，还可以定制它们的风格，以求居室整体风格一致。

独立式书柜的适应性比较强，可以随意挪动，还可以用来隔挡空间，类似屏风的作用。

软装设计说明：悬挂式书桌对空间的节省不言而喻，完美演绎了现代风格实用性与装饰性并存的设计理念。

特色软装运用

1 圆形吸顶灯
2 木质悬挂式书柜
3 布艺坐垫

特色软装运用

1 木质悬挂式书柜
2 布艺抱枕

软装设计说明：悬挂式书柜的整墙式设计，成为整个书房的设计亮点，承载着整个空间的装饰元素。

软装设计说明：量身定制的嵌入式书柜为空间带来了超强的整体感，各式摆件及书籍的搭配，让整个书房空间的艺术感十足。

特色软装运用

1 嵌入式书柜
2 白色实木书桌
3 布艺沙发椅

软装设计说明：中式古典家具的颜色与墙面、垭口等处的线条色调一致，体现了书房空间软装与硬装设计的整体感。

特色软装运用

1 实木书柜

2 中式装饰画

特色软装运用

1 实木书柜

2 抽屉式书桌

软装设计说明：面积相对较大的书房空间，选用嵌入式书柜与整体式书柜相结合的设计方式，是整个书房空间家具搭配的最大亮点。

特色软装运用

1 嵌入式书柜

2 箱式边几

3 素色地毯

软装设计说明：嵌入式书柜让整个空间的整体感更强，色彩搭配更加和谐。

第 2 章

[软装搭配之布艺]

布艺的设计要点

居室内的布艺种类繁多，在选择搭配时应遵循一定的原则，恰到好处的布艺搭配能为居室空间增色不少。

色调的和谐统一

在家居空间内，所有布艺元素的色彩选择都应以家具作为最基本的参照标杆，大致原则为：窗帘参照家具，地毯参照窗帘，床品参照地毯，小饰品等物件参照床品。

特色软装运用

1 布艺窗帘

2 创意装饰画

软装设计说明：蓝白色调的纯棉布艺床品与窗帘的色调保持一致，增强了空间搭配的整体感。

特色软装运用

1 动物装饰画

2 白色实木床

3 条纹地毯

软装设计说明：红白色双色调床品的点缀，给卧室空间增添了不少活力。

尺寸的合理性

窗帘、幔帐、壁挂地毯等的尺寸运用要与空间的尺寸相匹配。以窗帘为例，较大的窗户其窗帘的尺寸应宽于窗洞，长度应接近地面或采用落地式窗帘；小空间内应选择图案细小的布艺制品，大空间则选择大型图案的布艺制品，以确保空间的平衡感。

软装设计说明： 素色调的床品与纱质窗帘为空间增添了柔和感。

面料质地的选择

不同的使用空间及功能需求，布艺制品的面料选择也是不同的。卧室的布艺制品多以床品、窗帘为主，因此应选择流畅柔软的面料；客厅中的布艺制品如布艺沙发、窗帘、地毯、抱枕等应选择华丽柔美且结实易清洗的面料。

软装设计说明： 太阳花设计元素的抱枕，色彩华丽，面料高贵，彰显了古典欧式风格的奢华品位。

特色软装运用

1 布艺窗帘

2 布艺抱枕

3 欧式花边地毯

图案选择的合理性

布艺制品除了根据个人的喜好来选择图案与花色之外，还需考虑面料的质地、居室风格及空间的使用功能等因素。

特色软装运用

1 美式实木梳妆台

2 布艺抱枕

软装设计说明：素色调的空间内，红白两色的布艺抱枕，起到了增加空间趣味的作用。

软装设计说明：佩斯利图案的床品为素雅的空间增添了一份雅致的感觉。

特色软装运用

1 纸质圆球吊灯

2 茶几式床头柜

特色软装运用

1 水粉装饰画

2 软包高靠背床

软装设计说明：棕色调的布艺床品与造型简洁的布艺床品营造出一个温馨、沉稳的睡眠空间。

风格基调的和谐统一

在居室布置上，布艺制品的色彩、款式、图案寓意等都应参照居室的整体设计风格，它的表现形式要与室内整体装饰格调统一。

特色软装运用

1 风扇造型吊灯

2 纯棉布艺床品

软装设计说明：美式风格卧室中的床品与窗帘的图案清新简美，有一种回归自然的感觉。

特色软装运用

1 布艺沙发

2 陶瓷底座台灯

3 欧式花边地毯

软装设计说明：深色调空间内，选用浅色调的布艺作为点缀装饰，使整个空间的色彩搭配更加和谐。

特色软装运用

1 布艺沙发

2 纯毛地毯

软装设计说明：在同色调的配色空间内，为了突出色彩层次，粗质感的布艺沙发与抱枕起到了层次分明的作用。

No.2 布艺的面料

麻布面料

麻布拥有非常好的导热性能，质感紧密而不失柔和，软硬适中，具有一种古朴自然的气质。麻布常用于布艺沙发、坐垫等，不起球，比较耐磨，不褪色，不易起褶，不易产生静电，即使放在潮湿的地方也不会发霉，是一款四季皆宜的布艺面料。

如果将麻布用于沙发或坐垫，在选购时，应该仔细检查沙发或坐垫表面有没有线头或者接口，表面是否光滑平整，这是判断麻布面料优劣的重要因素。如果想选择更柔和一点的面料，则可选择含棉成分较高的棉麻布沙发。

因为麻布面料表面有缝隙，所以需要经常吸尘，去除麻布边角及织物缝隙内的灰尘。为了尽量避免缩水，建议将麻布面料送到专门的洗涤店进行干洗。

特色软装运用

1 组合装饰画

2 彩色布艺抱枕

3 布艺沙发

软装设计说明：彩色布艺床品与整个客厅空间的主题十分契合，营造出一个热闹的空间氛围。

混纺面料

混纺面料由棉料与化纤材料组成，可以呈现出丝质、绒布、麻料的视觉效果。混纺面料结实耐用，色泽绚丽，富有弹性，易洗免烫。随着差别化纤及混纤、混纺的兴起，再加上加工工艺的日益完善，混纺面料的布艺沙发柔软，手感和高仿真效果几乎可以假乱真。

在购买混纺面料时应注意布料成分，含棉量越高越好。

混纺面料与麻布面料不同，混纺面料可以直接放进洗衣机进行水洗，不会影响正常使用。

特色软装运用

1 组合装饰镜面

2 箱式床头柜

软装设计说明：床品的几何图案与精致面料相结合，彰显气度，营造出低调奢华的空间氛围。

特色软装运用

1 玻璃推拉门衣柜

2 铁艺吊灯

3 工艺品装饰

软装设计说明：宝蓝色床品是卧室的亮点，色彩跳跃的同时，保持了空间整体的安静氛围。

纯棉面料

纯棉面料具有很强的耐热性和耐碱性，使得纯棉面料制品在清理或者清洗过程中不易被损坏。纯棉面料制作的布艺沙发透气性较好，自然环保，花色多样并且价格便宜，是目前市场占有率最高的面料。纯棉面料多用于沙发、坐垫、抱枕、窗帘、床品等，是一种运用十分广泛的布艺面料，多在田园风格的沙发中使用。

在选购纯棉面料时，最好扯出布料的线头，用火烧一下，能化成灰并且没有焦味的，品质较好，选择手感比较细腻柔软且厚实，花色自然且色泽均匀的。

纯棉面料可以进行手洗、机洗，但是纯棉面料制品的熨烫环节是必不可少的。以纯棉沙发为例，在日常情况下，需要两个月进行一次清洗。

软装设计说明：深浅两种颜色搭配的布艺床品与地毯，为设计造型简约的空间增添了无限的暖意。

特色软装运用

1 羊皮纸灯罩台灯

2 箱式床头柜

3 纯棉布艺床品

特色软装运用

1 水墨风景画

2 方形台灯

3 纯棉布艺床品

软装设计说明：大花图案的床品简洁又不失雅致，营造出一个舒适整洁的睡眠空间。

软装设计说明：素色调的几何图案抱枕与床品，活泼浪漫，体现了现代风格空间清丽的一面。

特色软装运用

1 太阳形状铁艺饰品

2 几何图案布艺抱枕

特色软装运用

1 布艺高靠背床

2 玻璃底座台灯

3 木质床头柜

软装设计说明：卷草图案的抱枕与床头的软包靠背让空间的软装搭配更有整体感，活跃了卧室的空间氛围。

软装设计说明：布艺床品清丽素雅的花色，从细节上提升了整体空间的品位，为空间增加了时尚元素。

特色软装运用

1 布艺高靠背床

2 纯棉布艺床品

绒布面料

绒布面料的价格要略高一些，具有外形时尚、色彩呈现效果良好，防尘、防污等优点。柔软的质地、舒滑的手感，常被用于沙发、抱枕及坐垫的制作。绒布面料材质变化较大，从灯芯绒到麂皮绒，可谓是从粗糙到精致，可选性很广。

选购绒布面料制品时，要选择手感轻柔滑顺、用色均匀、光泽好、整体感强的。短绒绒布的绒越密越好，布越厚越好。倘若买的是长绒绒布类型的布艺沙发，可用手来回抚摸，以无明显变色、不发白为佳。

平时若沾上污渍，用清水擦洗即可；清洗绒布面料的沙发套等物品时，建议水洗，清洁剂不宜放太多。

软装设计说明： 提花图案的布艺窗帘与墙面壁纸的色调和花色相呼应，营造出一个雅致、温馨的空间氛围。

特色软装运用

1 欧式软包床

2 提花窗帘

皮革面料

皮革面料有人造皮革与真皮之分。真皮是将动物的皮加工，制成各种特性、强度、手感、色彩、花纹的皮具材料，是大量真皮制品的必需材料。人造革也叫仿皮或胶料，它是在纺织布或无纺布基础上，用各种PVC和PU等加工而成的，具有花色品种繁多、防水性能好、边幅整齐、利用率高和价格相对真皮便宜的特点。

皮革制品的日常保养要注意防潮，不然会留下污迹，还要注意定期刷油，保持皮质的光泽度，在使用过程中还要避免尖锐的物体造成划痕。

特色软装运用

1 植物图案壁纸

2 皮革沙发

3 几何图案地毯

软装设计说明：皮革面料沙发的结构优雅，面料细腻，塑造出一个摩登时尚的空间氛围。

布艺面料的工艺速查

分　类	特　点
染色布	染色布素雅自然，适合各种风格的装饰
色织布	色织布根据图案需要，先把纱线分类染色，再经交织而构成色彩图案，色织布立体感强、纹路鲜明，且不易褪色
提花布	提花布最大的优点就是颜色自然、线条流畅、图案凹凸有致，一般可用于高中档窗帘、沙发布料
印花布	印花布是非常常见的布料，多用于床品、窗帘、抱枕等

No.3 布艺的图案

佩斯利图案

佩斯利图案是近年来十分受大众喜爱的一种装饰图案，它具有细腻、繁复、华美的特点，极具古典主义气息。

软装设计说明： 彩色佩斯利图案抱枕成为整个空间的装饰亮点，营造出一个热闹又不失雅致的空间氛围。

特色软装运用

1 水晶吊灯

2 布艺沙发

3 实木茶几

软装设计说明： 造型传统的布艺沙发在传统图案的修饰下更加明确地将古典主义风格演绎得淋漓尽致。

软装设计说明： 色彩华贵的布艺床品与传统欧式风格家具相搭配，展现出欧式风格精致奢华的特点。

特色软装运用

1 布艺窗帘

2 欧式软包床

3 布艺灯罩台灯

卷草纹图案

卷草纹图案是以忍冬、荷花、兰花、牡丹等花草，经处理后作S形波状曲线排列形成的连续图案，花草造型多曲圆润，是家居布艺装饰应用十分广泛的一种图案。

特色软装运用

1 流苏布艺窗帘
2 水晶吊灯
3 实木餐桌椅

软装设计说明: 流苏风格的布艺窗帘与卷草纹图案的布艺装饰，为整个奢华的欧式风格空间增添了古朴的质感。

软装设计说明: 粉红色软装元素的融入给浅色调的空间带来了一丝活跃与浪漫的气息。

特色软装运用

1 软包布艺床
2 丝质窗帘
3 纯毛地毯

特色软装运用

1 布艺沙发
2 大理石茶几

软装设计说明: 蓝白色调的壁纸、布艺与地面装饰，体现了空间设计的整体感，展现出欧式风格的雅致品位。

中式吉祥图案

中式吉祥图案多以龙凤、云纹、回字纹为主，多用于中式风格空间内的地毯、床品、抱枕等处。

特色软装运用

1 组合装饰画

2 描金实木边柜

3 纯毛地毯

软装设计说明：清丽的色彩搭配中式古典纹样，尽显经典、华贵的新中式美感。

软装设计说明：浅茶色布艺床品通过纹理来体现中式风格的韵味与品质，红色抱枕的运用则成为体现风格特点的焦点。

特色软装运用

1 彩色布艺抱枕

2 开放式床头柜

特色软装运用

1 仿古台灯

2 布艺沙发

3 白色实木边几

软装设计说明：丝质面料的布艺抱枕在中式传统纹样的修饰下，更显新中式风格的精致。

大马士革图案

大马士革图案在欧式风格居室中被广泛应用于壁纸、窗帘、布艺沙发、坐垫、地毯等元素中。大马士革图案是一种写意的花型，通常由盾形、菱形、椭圆形、宝塔形等组成的团花图案。

软装设计说明： 大朵玫瑰图案的布艺老虎椅是整个卧室空间的设计亮点，与墙面壁纸的色调及花色相搭配，营造出一个协调又安静的空间氛围。

特色软装运用

1 水晶吊灯

2 提花图案床品

软装设计说明： 色彩华贵的布艺床品清新浪漫，体现了欧式风格奢华典雅的特点。

软装设计说明： 传统美式风格卧室中，布艺元素素雅的色调与花色，流露出雅致的气韵，彰显了美式风格的精致品位。

特色软装运用

1 组合装饰画

2 实木床

3 铁艺台灯

现代几何图案

现代几何图案是现代简约风格中比较常见的一种装饰图案，以三角形、条纹形、格子形、圆形或不规则图形最为常见，多用于床品、窗帘、沙发、坐垫、抱枕、地毯等布艺软装元素。

特色软装运用

1 布艺沙发

2 几何图案地毯

3 皮革茶几

软装设计说明：地毯的几何线条简洁、大气，为舒适典雅的美式风格空间注入了现代的时尚元素。

特色软装运用

1 软包床

2 条纹壁纸

3 飞机模型装饰

软装设计说明：竖条纹图案的运用让整个卧室空间的视觉感更加顺畅，各种充满巧思和匠心的装饰也彰显了主人的生活品位。

软装设计说明：橙蓝两色的格子图案床品成为整个空间色彩的焦点，让整个空间的色调更加浓郁、有层次。

特色软装运用

1 纯棉床品

2 悬挂式陈列柜

埃及古典图案

埃及古典图案以国王统治场景、狩猎、建房、祭祀、纺织等主题为主，常用于壁画、地毯的装饰图案。

软装设计说明： 色彩浓郁的地毯搭配古典图案，增添了整个空间的归属感，也增强了软装搭配的艺术感。

特色软装运用

1 铁艺壁灯

2 布艺单人沙发椅

3 纯毛地毯

软装设计说明： 美式布艺单人沙发椅以实木为框架，棉麻布艺搭配埃及古典图腾，是整个空间的装饰亮点。

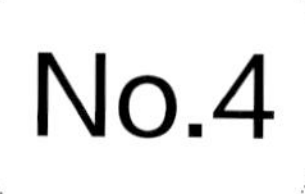

No.4 布艺家具

布艺在沙发、床、椅子等家具中的运用十分常见，除了全布质的家具之外，还可以与木材、藤材等搭配运用。布艺可以让传统的木质家具、藤质家具等呈现出丰富多变的造型特点。

特色软装运用

1 木质长茶几

2 几何图案地毯

3 布艺沙发

软装设计说明：素色的现代风格布艺沙发柔软舒适，搭配深浅不一的布艺抱枕，显得别有一番情趣。

布艺家具速查

分类	特点
布艺床	布艺床外观时尚，方便清洗，没有边边角角
布艺沙发 	布艺沙发舒适自然，休闲感强，可选花色繁多，可以拆洗，清洁起来也较容易

布艺家具的色彩选择

在选择布艺家具装饰图案及花色时，首先应参考居室内墙面的用色，其次要以温馨舒适为主。比如淡粉色、粉绿色等雅致的碎花布料适用于浅色调的家具；墨绿色、深蓝色等色彩的布料比较适用于深色调的家具。

特色软装运用

1 手绘家具

2 软包床

3 玻璃底座台灯

软装设计说明：布艺软包床给空间带来柔软舒适的感觉，再搭配彩色床品，则使整个空间显得更加活泼。

特色软装运用

1 创意金属挂件

2 布艺沙发

3 实木兽腿茶几

软装设计说明：实木描金骨架搭配色彩华丽的布艺，让客厅沙发更显古典欧式风格的奢华感。

布艺家具的常见风格种类

欧式风格布艺家具多采用大马士革、佩斯利或欧式卷草图案的布料进行装饰，以彰显奢华富丽的装饰效果。

乡村田园风格布艺家具多采用碎花布料或格子图案的布料，以表达亲切、自然的风格特点。

地中海风格布艺家具多采用条纹或素色布料进行装饰，营造出一种低调、自然的韵味。

传统中式风格家具多以布艺靠垫、坐垫、抱枕的形式进行装饰，图案多采用龙凤、回字纹等吉祥图案，充分展现了我国传统文化的底蕴与寓意。

特色软装运用

1 布艺沙发

2 陶瓷坐墩

3 陶瓷花瓶

软装设计说明：素雅清丽的色调，搭配复古花纹，让中式风格沙发也多了一丝清新自然的韵味。

特色软装运用

1 布艺沙发

2 描金茶具

3 陶瓷饰品

软装设计说明：传统美式沙发，无论是在色彩还是造型上，都彰显了美式风格追求舒适的装修特点。

软装设计说明: 美式四柱床舒适柔软的软包靠背与清淡的色彩，搭配黑胡桃木色，展现了低调的奢华。

特色软装运用

1 四柱床
2 布艺台灯
3 丝质幔帐

软装设计说明: 米色软包床造型优雅，设计线条简洁，让整个空间都显得更加温馨舒适。

特色软装运用

1 软包床
2 几何图案地毯

特色软装运用

1 水晶吊灯
2 兽腿边桌
3 古典欧式软包床

软装设计说明: 古典欧式软包靠背床的造型优雅，尽显古典欧式风格的奢华与大气。

No.5 布艺窗帘

不同空间的窗帘设计速查

客厅空间	客厅多会选择使用落地窗帘，其用料及用色应参照客厅家具的颜色。宜选择花色简约的淡色调布料，以增加空间感。同时可以选用纱帘与布帘搭配的方式进行装饰，既能丰富窗帘的层次，又能根据不同的光照效果调节空间氛围
卧室空间	卧室的窗帘强调隐秘性，多为双层。可选择厚实遮光的布料作为主帘，应尽量挑选色彩柔和、垂度较好的布料。副帘则要求选择透光性、透气性好的布料
儿童房	儿童房窗帘的图案可以选择带有卡通图案或简单几何图案的窗帘，面料以全棉为佳
老人房	老人房需要营造平静安逸的空间氛围，因此在窗帘的花色选择上应以柔和淡雅的色调为主

特色软装运用

1 平开式布艺窗帘

2 倚墙式书柜

3 布艺单人沙发

软装设计说明：整个儿童房的布艺装饰色调一致，让整个空间的搭配设计更有整体感，也体现出小主人的兴趣爱好。

窗帘的设计原则

窗帘具有保护隐私、装饰墙面及降低噪声等功能，在设计窗帘时，颜色、质地、款式、图案等应与空间内的家具、墙面、地面、顶面相协调。

特色软装运用

1 平开布艺窗帘

2 仿古图案壁纸

3 提花布艺床品

软装设计说明：卧室窗帘图案的选择与床品、壁纸的花色相呼应，营造出一个温馨、舒适、整洁的休息空间。

窗帘选择与窗户位置及大小的关系

窗帘也是营造空间氛围的重要元素；窗帘形式的选择与窗户的位置、大小有相当密切的关系，因此在设计之前，要先确认窗户的高度、长度与宽度。

窗帘的材质选择

现代风格的居室可以挑选大地色系的棉、麻材质；古典、奢华风格的居室则建议选择丝质、缎面、亮面光泽的布料；而要搭配出乡村风格的韵味，则可以挑选棉质，带有格子、小碎花图案的布料。

软装设计说明： 采光良好的卧室空间，选用遮光效果好的窗帘材质是十分必要的。双层布艺窗帘与升降式百叶帘的运用让遮光效果更好。

1 升降式百叶帘

2 双层布艺平开式窗帘

3 兽腿床头柜

软装设计说明： 平开式的深色窗帘具有良好的遮光效果，大大提升了整个空间的舒适度。

特色软装运用

1 布艺平开窗帘

2 软包床

特色软装运用

1 布艺窗帘

2 风景油画

3 描金书桌

软装设计说明： 带有流苏装饰元素的布艺窗帘，无论是花色还是材质，都能让人感受到书房气氛的轻松，又能彰显古典欧式风格的奢华与精致。

软装设计说明：蓝白色平开式窗帘让整个空间的色彩更加活跃，流露出简约而唯美的时尚气息。

特色软装运用

1 平开式布艺窗帘

2 布艺沙发

3 木质茶几

特色软装运用

1 平开式布艺窗帘

2 木质边柜

软装设计说明：布艺窗帘柔软的质感、舒适的色调，彰显了北欧风格的优雅与简练。

软装设计说明：窗帘、床品、地毯搭配得当，为简洁的空间增添了舒适感。

特色软装运用

1 平开式窗帘

2 布艺软包床

3 混纺地毯

考量空间明亮度、风格等因素

窗帘的材质、色系和花样相当繁多，选购时可从空间的明亮度、高度、格局、风格等因素来考量。

特色软装运用

1 平开式窗帘

2 铁艺吊灯

3 木质书桌

软装设计说明：深色调布艺窗帘的运用，保证了整个书房采光的舒适性。

不同风格搭配不同的窗帘形式

现代风格空间宜选用素色窗帘；古典风格空间宜选择浅图纹的窗帘；田园风格空间则适合选择小碎花或格子纹图案的窗帘；如果喜欢乡村风格的话，可以选择罗马帘，无论是带有花纹的，还是素色的，都很有意境；奢华风格的居室，可在材质上选择比较特殊的布料，或是利用较重的颜色与有质感的花纹来呈现奢华感。

软装设计说明：蓝白碎花图案的布艺窗帘清新浪漫，给卧室空间带来美好的田园情怀。

特色软装运用

1 水晶吊灯

2 布艺窗帘

3 条纹壁纸

布艺窗帘风格分类速查

风格分类	特　点
中式风格窗帘 	中式风格窗帘多为对称式设计，窗帘头多会运用一些拼接手法或特殊剪裁来体现富有韵味的中式图案。面料色彩厚重，纹理花样富有民族气息，对于云纹、盘扣等中式传统元素运用较多
欧式风格窗帘	欧式风格窗帘强调一种富丽堂皇的装饰效果，一般采用质感厚重、色彩沉稳的面料，如丝绸、塔夫绸、雪尼尔绒等。图案多选用卷草纹、大马士革图案、佩斯利图案等古典传统的图案
北欧风格窗帘 	北欧风格窗帘只用简单的线条或色块进行装饰，简洁大方，讲求实用性与功能性
 美式风格窗帘 	美式风格窗帘以突出古朴和自然的和谐感为主要目的，强调一种怀旧的风情。窗帘图案多以较大的花卉图案为主；色彩以自然的大地色系为主，如酒红色、墨绿色、土褐色等；面料选择多采用透气性好、手感舒适的棉麻材质
田园风格窗帘 	田园风格窗帘多以小碎花图案为主，颜色以暖色系为主，或单纯运用纯色布料，强调一种清新自然的空间氛围
 东南亚风格窗帘 	东南亚风格窗帘面料多为轻薄、透光性好的纱帘，以体现宁静、清雅、放松的居住氛围
现代简约风格窗帘 	现代简约风格窗帘在设计时摒弃了窗帘头、窗帘框等复杂的元素，取而代之的是简洁大方的穿环、吊带等简单的配饰。图案多采用现代几何图形；色彩及面料选择也十分广泛

No.6 布艺床品

床品会占据房间很大的面积，所以卧室是否美观，床品是很关键的因素。不同风格的床品会带来不同的视觉体验。

特色软装运用

1 陶瓷底座台灯

2 纯棉布艺床品

3 双色床头柜

软装设计说明：蓝色调的大花图案床品十分符合地中海风格的韵味，清新而不失浪漫，别有一番风情。

特色软装运用

1 古典欧式软包靠背床

2 玻璃底座台灯

3 纯棉布艺床品

软装设计说明：将流苏元素运用在布艺床品中，充分体现了古典欧式风格精致奢华的风格特点。

床品的选购原则

床品的选购原则，首先应以实用和健康为前提，其中以天然材质为最佳。其次是要根据不同的季节特点来挑选合适的床品。春夏时节天气暖和，可以挑选冷色系床品，如纯白色、浅绿色、淡黄色、粉色等；秋冬季节则要挑选暖色系。

软装设计说明：卷草图案的布艺床品清新淡雅，让睡眠空间显得更加优雅、温馨、舒适。

特色软装运用

1 创意造型铁艺挂件

2 箱式床头柜

软装设计说明：床品大气雅致的色调，体现出主人从容的生活态度，彰显生活品位。

软装设计说明：舒适的布艺床品色彩清秀自然，让颇具古典韵味的卧室空间更加舒适简约。

特色软装运用

1 纯棉布艺床品

2 箱式床头柜

3 组合装饰画

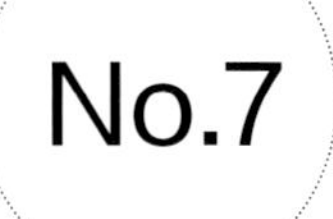

地毯

地毯是家居设计中不容忽视的元素，一块合适的地毯，运用协调和舒适的图案，与硬装线条、家具及其他装饰品搭配在一起，就能营造出舒适的生活氛围。

根据房间的功能性选择地毯

家庭软装修中，不同功能的房间，地毯挑选也应有所区别。如卧室的地毯，要营造温馨的氛围，就需要注重地毯的质地，如果铺设淡粉色的地毯，就会显得卧室浪漫温馨。客厅是接待和休闲之处，人流量比较大，需要选择比较厚重和耐磨的地毯，且要符合室内整体软装修的风格。

特色软装运用

1 水晶吊灯
2 实木描金家具
3 植物图案地毯

软装设计说明：大面积的植物图案地毯有效缓解了深色地板的沉闷感，让地面的触感更加舒适。

软装设计说明：仿古图案的地毯，质感柔和，与舒适的美式布艺沙发一起营造出一个别样的待客空间。

特色软装运用

1 鸢尾图案地毯
2 金属框架茶几
3 布艺沙发

规划地毯铺设面积，减少采购浪费

卧室的地毯不需要过于庞大，有时在床边铺上一小块即可，给人带来温暖的触感。

地毯如果是放在门口，一般宜铺设较小尺寸的地毯或脚垫，既能美化家居，又具有清洁家居的作用。

如果客厅面积不是很大，选择面积略大于茶几的地毯较适宜。

特色软装运用

1 水晶吊灯

2 实木兽腿书桌

3 皮质单人沙发

软装设计说明： 古典欧式花边地毯搭配古典兽腿家具，优雅迷人，带来浓郁的古典美式气息。

特色软装运用

1 竹制单人椅

2 托盘式茶几

3 几何图案地毯

软装设计说明： 地毯跳跃的颜色与现代几何图案成为整个空间搭配的亮点，使客厅空间饱满且富有情趣。

地毯的色彩搭配技巧

1.强烈色搭配：即两个色系对比明显的颜色相配，比如黄色与绿色、红色与青绿色，这种配色效果比较强烈。

2.补色搭配：即两个相对的颜色之间的配合，比如青与橙、黑与白，补色相配能造成鲜明的对比，有时会收到惊喜的效果。

3.同类色搭配：即深浅、明暗不同的两种同一类颜色相配，比如青配天蓝、墨绿配浅绿、咖啡配米黄、深红配浅红，同类色的配合显得柔和文雅。

特色软装运用

1 铁艺吊灯

2 陶瓷底座台灯

3 箱式床头柜

软装设计说明： 地毯、床品、窗帘等布艺元素在色彩、图案上呼应与衬托，让整个卧室空间更加舒适、自然。

单色地毯的运用

单色地毯最适合在地板颜色有深浅变化的空间使用，可以与墙面或床品色调相近或形成反差，但应以浅色调出现，给人以安静的状态。

软装设计说明：纯白色床品的运用使整个卧室空间显得更加整洁，而蓝色地毯则成为整个空间的色彩焦点，稳定空间色彩的同时带来舒适的触感。

特色软装运用

1 云石吊灯

2 皮质单人沙发椅

3 箱式床头柜

软装设计说明：浅灰色地毯为现代美式风格空间注入一丝时尚元素，也让空间色彩更有层次。

软装设计说明：整个卧室空间的布艺饰品为空间带来了良好的舒适感，营造出一个清淡素雅的空间氛围。

特色软装运用

1 玻璃花器

2 皮革床尾凳

3 软包床

几何图案地毯的运用

抽象的几何图案具有一定的视觉冲击力，能让整个卧室变得生动，与不同图案的其他布艺元素相结合，能够产生非常别致的搭配效果。

特色软装运用

1 铁艺吊灯

2 组合托盘式茶几

3 条纹地毯

软装设计说明：彩色条纹图案的地毯为空间注入一股自然的清新感，流露出轻松活跃的北欧风格气息。

特色软装运用

1 组合装饰画

2 纯棉布艺床品

3 几何图案地毯

软装设计说明：不规则图案的地毯是整个卧室的亮点，图案花色虽有跳跃感，但并未破坏整个空间安静的氛围。

软装设计说明：几何图案地毯让造型简约、色彩简洁的现代风格客厅更有跳跃感，时尚感十足。

特色软装运用

1 落地灯

2 白色椭圆形茶几

3 几何图案地毯

植物图案地毯的运用

地毯是居室中的常客，花瓣以美丽的形式出现在地毯上，能够让人眼前一亮。这样一款地毯放在室内的任何地方都会是一大美景，同时也能提升空间的雀跃感。

特色软装运用

1 油画

2 猫脚单人沙发椅

3 欧式花边地毯

软装设计说明：具有卷草图案的古典欧式花边地毯，强调了古典美式田园风格自然、古朴的特点。

软装设计说明：现代花卉图案的地毯一定程度上弱化了古典欧式家具给空间带来的烦琐感，营造出古典与现代的混搭氛围。

特色软装运用

1 布艺窗帘

2 实木描金家具

3 大花图案地毯

特色软装运用

1 铁艺水晶吊灯

2 兽腿圆形茶几

3 布艺沙发

软装设计说明：淡雅素净的布艺元素让古典主义风格更显洁净、沉稳，同时又颇具现代感。

皮革地毯的运用

皮革地毯以仿动物皮毛样式为主，可以起到点缀空间的作用，非常有个性，让居室充满了浪漫与艺术气息，会给空间增添不一样的魅力。

特色软装运用

1 现代水晶吊灯

2 布艺升降窗帘

3 仿动物皮地毯

软装设计说明：仿动物皮毛的地毯为空间增添了粗犷的原始感，体现了现代美式风格粗犷、时尚的特点。

地毯的材质分类速查

风格分类	特　点
纯毛地毯	纯毛地毯以羊毛为原料，其纤维长、拉力大、弹性好、有光泽，装饰效果好
化纤地毯	化纤地毯外观与手感类似羊毛地毯，耐磨而富弹性，具有防污、防虫蛀等特点
混纺地毯	混纺地毯是以毛纤维与各种合成纤维混纺而成的地面装饰材料，花样繁多，物美价廉
真皮地毯	真皮地毯一般是指皮毛一体的地毯，使用真皮地毯能够让空间有奢华感，能为居室增添浪漫色彩
藤麻地毯	藤麻地毯是一种具有质朴感和清凉感的材质，可以凸显家具的线条，效果很不错，尤其适合运用在乡村风格、东南亚风格、地中海风格的居室中

第 3 章

[软装搭配之灯具]

No.1 灯具的照明方式

一般照明，基本功能照明

一般照明是指最基本的功能性照明，能够让整个家居照明亮度分布比较均匀，让整体空间环境的光线具有一体性。一般照明方式适用于无固定工作区或工作区分布密度较大的房间。

特色软装运用

1 半圆形吊灯

2 凳式床头柜

3 软包靠背床

软装设计说明：半圆形灯罩与直吊杆相结合，造型简约独特，经久耐用。

局部照明，塑造装饰性照明

局部照明主要是对展示柜、墙上书画和书桌面等家居空间中的特定位置提供照明。其目的是对一些艺术品或者精心布置的空间进行塑造装饰性照明，其可以让整个空间在视觉上形成聚焦，让人的眼球不由自主地注意到被照明的区域，达到增强物质质感并突出美感的效果。

软装设计说明：陈列柜上方的组合射灯强调了空间的局部照明；半球形吸顶灯暖色调的灯光让整个空间的氛围更加温馨。

特色软装运用

1 半球形吸顶灯

2 组合射灯

3 老虎椅

重点照明，最常用区域的混合性照明

重点照明是由一般照明和局部照明组成的照明方式，以保证应有的视觉条件。良好的混合照明方式可以增加区域照度，减少工作面上的阴影和光斑，在垂直面和倾斜面上获得较高的照度，减少照明设施总功率，节约能源。重点照明适用于餐厅、会客厅等人员活动量大的家居区域。

特色软装运用

1 日式布艺沙发

2 素色地毯

3 现代风格茶几

软装设计说明： 造型别致的吊灯是整个空间照明的主体，新颖别致的造型也成为空间设计的焦点。

软装设计说明： 科技感十足的现代风格吊灯使整个空间更加明亮，更具有现代时尚感。

照明方式实用速查

	灯具选择	作　用
基础照明	吊灯、吸顶灯、筒灯	为房间提供整体均匀的照明，减少房间中的黑暗角落
重点照明	嵌入式射灯、轨道射灯、壁灯、台灯、落地灯、灯带等	对某些需要突出的区域和对象进行重点投光，使这些区域的光照度大于其他区域，起到突出被射物或满足工作照明照度的作用
装饰照明	灯带、壁灯、台灯等	对室内进行装饰照明，可增强空间的变化和层次感，营造某种环境气氛

No.2 灯光与色彩

灯光色彩的温度感

色彩的温度感是人们长期生活习惯的反应。低色温给人一种温暖、含蓄、柔和的感觉，高色温带来的是一种清凉奔放的气息。不同色温的灯光，会营造不同的家居表情，调节居室的氛围。低色温的白光给人一种亲切、温馨的感觉，采用局部低色温的射壁灯可以表现朦胧浪漫的感觉。

特色软装运用

1 四头吊灯

2 塑料餐椅

3 实木面板餐桌

软装设计说明：四头餐厅吊灯，造型简洁别致，色温柔和，与餐椅颜色相呼应，为餐厅营造了一种舒适的空间氛围。

软装设计说明：黑色草帽式吊灯的暖色灯光为整个以白色调为主的餐厅空间增添了暖意，也使用餐氛围更加温馨。

特色软装运用

1 创意吊灯

2 “X”形支架餐桌

灯光色彩的重量感

灯光色彩的重量感即各种色彩给人的轻重感不同，我们从色彩中得到的重量感，是与质感的复合感受。明亮的光和暗色的影会使人的心理产生轻重感，光给人以发散、轻盈的感觉，而暗色的影则给人以收缩、凝聚的重量感。

特色软装运用

1 全铜美式吊灯

2 布艺窗帘

3 整体式衣柜

软装设计说明： 美式纯铜骨架吊灯造型优雅，体现出美式生活从容的生活态度。

软装设计说明： 全白色创意吊灯，圆润的灯罩与裸露的电线搭配，是整个空间设计的最大亮点，体现了现代风格的时尚感。

特色软装运用

1 创意吊灯

2 布艺沙发

特色软装运用

1 球形吊灯

2 单人皮质沙发椅

3 布艺单人坐凳

软装设计说明： 球形镂空吊灯的梦幻效果，将整个空间都笼罩在简约而唯美的浪漫氛围中。

灯光色彩的体量感

在一般情况下，色彩给人的视觉感受是明亮的、鲜艳的，温暖的颜色有膨胀、扩大的感觉；而灰暗的冷色有缩小的感觉。也就是说，体量感是由于色彩的作用，使物体看上去比实际的大或者小。

特色软装运用

1 水晶吊灯

2 铜质底座台灯

3 兽腿边几

软装设计说明：多头水晶吊灯的灯体优美，流露出奢华的气韵，极具观赏性和实用性。

软装设计说明：黑色壁灯线条简洁利落，与浅色调的家居背景色相搭配，为卧室增添了一定的活力。

特色软装运用

1 “X”形支架床头柜

2 软包床

3 布艺单人沙发

灯光色彩的距离感

如果等距离地看两种颜色，一般而言，暖色比冷色更富有前进的特性，两色之间，亮度偏高、饱和度偏高的呈前进性，因此室内灯光要考虑到环境色彩。如果灯光与物体颜色接近，会使物体的颜色效果减弱；光色与物体颜色完全互补的话，会使物体更显暗淡。在室内设计中，要考虑到在高照度和高显色性灯光的作用下，物体的颜色可以表现得更加鲜艳夺目。而在冷色灯光的照射下，物体原来的暖色将会丢失，显得黯淡而苍白。

软装设计说明：科技感十足的铜质吊灯为空间带来了十足的时尚感。

特色软装运用

1 创意吊灯

2 布艺沙发

3 组合式茶几

特色软装运用

1 水晶吊灯

2 布艺灯罩台灯

3 布艺床

软装设计说明：水晶吊灯的造型优美精致，极富奢华感，让整个睡眠空间温馨、浪漫。

No.3 各种风格灯具的搭配运用

经典中式风格灯具

经典中式风格灯具融入现代特点的设计，同时保留了部分中国元素。中式灯具最好搭配同样属于中式装修风格的房屋，或点缀于书卷气较浓的现代风格家居中。在搭配中要注意装饰的整体性，如同系列的吸顶灯、壁灯，还要注意与其他家居饰品进行呼应搭配，不然会显得不伦不类，缺乏美感。

软装设计说明：纯铜鸟笼创意吊灯展现出现代中式风格的轻奢美，典雅质朴，点亮卧室空间。

特色软装运用

1 铜质吊灯

2 金属摆件

特色软装运用

1 中式台灯

2 几凳式床头柜

3 纯棉布艺床品

软装设计说明：中式台灯，高透光的玻璃灯罩，温馨典雅，透露出简约而唯美的中式风情。

现代简约风格灯具

现代简约风格灯具十分注重实用功能性，设计大多线条利落，几何形状突出，以黑、白色居多，材料也多为不锈钢、铝塑板等有硬度质感的材料。

软装设计说明：黑色壁灯的造型简约大气，营造出简洁时尚的空间氛围。

特色软装运用

1 “X”形支架床头柜

2 纯棉布艺床品

软装设计说明：全铜材质的几何造型创意吊灯，整体造型新颖别致，展现出现代风格居室的个性与时尚。

特色软装运用

1 全铜创意吊灯

2 实木餐桌

特色软装运用

1 创意吊灯

2 布艺床

3 几凳式床头柜

软装设计说明：水滴造型吊灯极具艺术美感，装饰出一个简约又时尚的卧室空间。

欧式风格灯具

欧式风格的灯具给人以开放、大气的非凡气度。整体以白色、金色、黄色、暗红色为主，造型极其讲究，设计繁复，给人一种端庄典雅、高贵华丽的感觉。

特色软装运用

1 欧式花枝铁艺吊灯

2 兽腿茶几

3 古典欧式布艺沙发

软装设计说明：欧式花枝形吊灯，花枝的造型富有自然美感与精致的奢华感。

软装设计说明：多头水晶吊灯的造型精致，成为整个空间装饰的最大亮点，极具艺术美感。

特色软装运用

1 水晶吊灯

2 兽腿家具

3 布艺沙发

特色软装运用

1 水晶吊灯

2 金属方形茶几

3 布艺沙发

软装设计说明：双层水晶吊灯的造型古雅别致，美轮美奂，展现出古典欧式风格居室的奢华美。

田园风格灯具

田园风格贴近自然，向往自然，展现出朴实的生活气息。田园风格以梦幻的水晶灯、别致的花草灯、富有情调的蜡烛灯为主，多为花朵造型，小巧别致，更适合装点在卧室或书房，轻柔浪漫的颜色带来温馨的家庭氛围，清新的田园风格让居室显得更加舒适安然。

特色软装运用

1 风扇吊灯

2 铁艺壁灯

3 布艺沙发

软装设计说明：田园风格的复古四叶风扇吊灯，极其富有生活情趣，使空间流露出回归自然的舒适感。

软装设计说明：美式田园风格的八头吊灯，温馨的圆形造型，摒弃了烦琐和奢华，营造出返璞归真的自然感。

特色软装运用

1 八头铁艺吊灯

2 布艺沙发

3 白色实木边柜

特色软装运用

1 铁艺烛台式吊灯

2 圆形大理石餐桌椅

软装设计说明：黑色铁艺烛台式吊灯造型别致，充分展现出主人的复古情怀。

美式风格灯具

美式风格灯具依然注重古典情怀，只是风格和造型上相对简约，外观简洁大方，更注重休闲和舒适感。其用材与欧式灯具一样，多以树脂和铜材为主。

软装设计说明：仿古的美式铁艺壁灯，给人自然、古朴、舒适的家居感受。

特色软装运用

1 美式铁艺壁灯

2 皮革餐椅

3 素色花纹地毯

特色软装运用

1 美式铜质吊灯

2 布艺沙发

3 布艺窗帘

软装设计说明：铜质双层客厅吊灯造型高雅，体现出美式生活的从容与精致。

软装设计说明：复古的黑色铁艺吊灯，米黄色灯罩搭配黑色金属底座，古朴又不失简约，优雅又不失风情。

特色软装运用

1 黑色金属吊灯

2 布艺沙发

3 实木方形茶几

No.4 不同样式的灯具运用

吊灯

吊灯适合家庭中的客厅或公共场所的大厅内使用，吊灯的花样最多，款式和风格也多种多样，常用的有欧式烛台吊灯、中式吊灯、水晶吊灯等。用于居室的有单头吊灯和多头吊灯两种，前者多用于卧室、餐厅；后者宜装在客厅里。吊灯的安装高度，其最低点应离地面不小于2.2m。

软装设计说明：风扇铁艺吊灯的造型富有新意，复古风灯罩的运用，潮流感十足，让整个用餐空间更显别致。

软装设计说明：八头的花枝铁艺吊灯，整体造型古雅别致，是美式空间照明的常用款式。

特色软装运用

1 铁艺花枝吊灯

2 布艺沙发

3 纯毛地毯

吸顶灯

吸顶灯有方形吸顶灯、圆形吸顶灯等，适合于客厅、卧室、厨房、卫生间等处照明。吸顶灯可直接装在顶棚上，安装简易，款式简单大方，赋予空间清朗明快的感觉。

特色软装运用

1 圆形吸顶灯

2 塑料座椅

3 布艺沙发

软装设计说明：玻璃材质的圆形吸顶灯，造型简约大方，展现出温馨柔和的居室氛围。

软装设计说明：水晶材质的圆形吸顶灯，为传统风格空间注入简约精致的时尚气息，让生活更有情趣。

特色软装运用

1 水晶吸顶灯

2 矮柜式电视柜

3 中式实木沙发

壁灯

壁灯适用于卧室、卫生间。常用的有双头玉兰壁灯、镜前壁灯等。壁灯的安装高度，其灯泡应离地面不小于1.8m。

软装设计说明：造型简洁的床头壁灯，品质与艺术感同在，使卧室空间更加舒适与安稳。

软装设计说明：复古造型的双头铜质壁灯，用铜质灯体搭配黑色灯罩、米色灯光，让美式风格空间尽显温馨与浪漫。

特色软装运用

1 双头铜质壁灯

2 皮质软包床

3 白色陶瓷底座台灯

特色软装运用

1 铜质灯架壁灯

2 平开式布艺窗帘

3 彩色布艺抱枕

软装设计说明：飘窗处的壁灯造型简洁大方，与布艺元素搭配，营造出一个温馨、舒适的角落。

移动式灯具

移动式灯具常用于室内或室外需要灵活照明的工作场所，它灵活的布置方式，更实用，让空间照明更加温馨，没有死角。

特色软装运用

1 铁艺移动式台灯

2 布艺沙发

软装设计说明：黑色移动台灯的运用为舒适的角落增添了一份舒适感与明亮感。

特色软装运用

1 创意台灯

2 金属框架边几

3 布艺沙发

软装设计说明：可移动的台灯不仅保证了局部空间的照明，而且让整个客厅的气氛更温馨。

软装设计说明：可移动的落地灯，造型美观，时尚感十足。

特色软装运用

1 依墙式书柜

2 布艺沙发

3 组合茶几

射灯

射灯是典型的无主灯照明，能营造室内照明气氛，射灯光线柔和，雍容华贵，其可提供局部照明，可安置在吊顶四周或家具上部，也可置于墙内、墙裙或踢脚线里，所表现出的色彩、虚实感受都十分强烈且独特。

特色软装运用

1 组合射灯

2 布艺沙发

特色软装运用

1 布艺灯罩水晶吊灯

2 兽腿书桌

软装设计说明：陈列柜中射灯的运用更加突出了饰品的存在感，也增强了装饰效果。

软装设计说明：开放式空间采用无主灯式照明设计，射灯运用十分重要，既衬托环境，又在一定程度上保证了空间照明。

特色软装运用

1 射灯

2 布艺沙发

3 几何图案地毯

上照灯

上照灯可以安装在墙面上或吊顶上，通常灯光都射向顶棚，不同于向下普照整个房间的照明方式，它在室内营造出上部直接照射空间和下部无直接光源的空间，照明效果是其次，装饰效果是很好的，有比较好的气氛调动功能。

软装设计说明：两盏上照灯烘托出工业风格空间的艺术氛围，也成为整个空间灯饰设计的焦点。

特色软装运用

1 矮柜式电视柜

2 布艺沙发床

嵌入式筒灯

筒灯是比普通明装的灯具更具聚光性的一种灯具，大多用于普通照明或辅助照明。筒灯光线均匀，不刺眼，节能，安装容易，不占地方，光源集中，角度固定，十分适合层高不高的居室使用。

软装设计说明：无主灯式照明设计可以灵活控制灯具数量，可多角度调光，灵活使用。

特色软装运用

1 嵌入式筒灯

2 整体书柜

3 高脚书桌

落地灯

落地灯常用作局部照明，强调移动的便利，对于角落气氛的营造十分实用。落地灯的光线若是直接向下投射，适合阅读等需要集中精神的活动空间，若是间接照明，可以调节整体的空间氛围。

特色软装运用

1 落地灯
2 皮质沙发椅
3 几何图案地毯

软装设计说明：造型简洁雅致的落地灯，在客厅空间的角落里起到调节氛围的作用，提供了一个温馨舒适的休息港湾。

台灯

台灯按材质分，可分为陶瓷台灯、铁艺台灯、玻璃台灯等，一般客厅、卧室等用装饰台灯，工作台、学习台用节能护眼台灯。台灯的灯罩颜色和样式繁多，对室内氛围的营造可起很大的作用。

软装设计说明：水晶底座台灯搭配高透光布艺灯罩，温馨典雅，透露出简约而唯美的舒适感。

特色软装运用

1 组合装饰画
2 水晶底座台灯
3 开放式实木床头柜

No.5 不同材质的灯具

水晶灯

水晶灯主要由金属支架和天然水晶或石英坠饰等共同构成。其中灯臂以玻璃、亚克力、金属等居多。水晶灯虽绚丽，但打理和保养成本却不低。由于多是朝上的灯碗，水晶灯很容易积灰，需要找专门的工作人员清洗。

特色软装运用

1 水晶吊灯

2 猫腿实木餐桌椅

软装设计说明：大气奢华的水晶吊灯成为整个餐厅空间最吸引人的装饰物，演绎了古典欧式风格的奢华与浪漫。

特色软装运用

1 人物装饰画

2 现代风格水晶吊灯

3 几何图案地毯

软装设计说明：水晶吊灯的金属灯体造型简洁大方，让整个空间的时尚感十足，也为现代风格空间增添了一丝浪漫气息。

铜灯

铜灯是以铜作为主要材料的灯具，包含紫铜和黄铜两种材质。铜灯中以美式风格最为常见，化繁为简的制作工艺，使美式灯具看起来更加具有时代特征，适合更多风格的装修环境。

软装设计说明：美式全铜吊灯整体造型古雅别致，展现出现代美式风格居室的精致与柔和。

特色软装运用

1 美式铜质吊灯

羊皮灯

羊皮灯是用羊皮材料制作的灯具，较多地应用在中式风格居室中。羊皮灯以格栅式的方形最为常见，不仅有吊灯，还有落地灯、壁灯、台灯和宫灯等不同系列。

软装设计说明：羊皮灯罩质感朴素，颜色低调内敛，表现出书房空间的经典雅致。

特色软装运用

1 倚墙式书柜

2 羊皮纸灯罩落地灯

3 “X” 形支架书桌

特色软装运用

1 水墨装饰画

2 纯棉布艺床品

3 宫灯式台灯

软装设计说明：造型简洁的黑色金属灯架搭配米色羊皮灯罩，既带有中式传统灯具的古朴感，又十分富有现代气息。

铁艺灯

铁艺灯的主体由铁和树脂两部分组成，铁制的骨架使其稳定性更好，树脂使其造型更多样化，还能起到防腐蚀、不导电的作用。铁艺灯的灯罩大部分都是手工描绘的，色调以暖色调为主，散发出温馨柔和的光线，衬托出欧式风格家居的典雅与浪漫。

特色软装运用

1 铁艺烛台式吊灯

2 水墨装饰画

3 中式实木家具

软装设计说明： 烛台式铁艺吊灯的整体造型新颖，展现出温馨、古朴、柔和的居室氛围。

玻璃灯

不同色彩、质感、条纹、风格的玻璃灯，以不同的姿态、格调、风情出现在不同空间中。常见的玻璃灯具有彩色玻璃灯具和手工烧制玻璃灯具。

特色软装运用

1 手工玻璃吊灯

2 组合电视柜

3 大理石茶几

4 皮质沙发

软装设计说明： 直线金属的灯杆搭配透明的手工玻璃灯罩，让吊灯的透光感更强，保证空间照明的同时也具有一定的装饰效果。

贝壳灯

贝壳灯选用贝壳制作而成，可以用来当装饰品，令人赏心悦目。贝壳灯款式多样，可以用相同形状、相同大小、相同颜色的贝壳和白色珠子串成灯具；也可以用不同大小、不同形状和色彩的贝壳制成灯具。

特色软装运用

1 球形贝壳吊灯

2 木质方几

3 日式布艺沙发

软装设计说明：一盏白色球形贝壳吊灯成为整个空间装饰的聚焦点，强调了灯具的实用性与装饰性，也彰显了工业风格空间简洁的艺术气息。

古典的陶瓷灯

陶瓷灯即是采用陶瓷制作的灯。陶瓷灯具有耐高温的特点。由于采用的是薄坯陶瓷，灯具很轻。其灯架多为陶瓷，一般适合中式风格。如果家中采用的是红木家具，配上陶瓷灯效果最佳。

特色软装运用

1 陶瓷底座台灯

2 实木箱式茶几

3 中式布艺沙发

软装设计说明： 仿青花瓷台灯造型优美，线条流畅，高透光布艺灯罩营造出温馨典雅的氛围，为局部空间的气氛渲染起到举足轻重的作用。

特色软装运用

1 极简风格装饰画

2 仿古书籍

3 陶瓷底座台灯

软装设计说明： 束腰花瓶造型的陶瓷台灯是整个书桌上最大的亮点，也为整个空间增添一份中式风情的韵味。

No.6 不同空间的灯具运用

客厅，庄重明亮很重要

客厅是家庭中最大的休闲、活动空间，也是家人朋友相聚的重要场所，需要灯具营造温柔的氛围，庄重明亮的吊灯或吸顶灯是首选。可以运用主照明和辅助照明的灯光交互搭配，通过调节亮度来增添室内的情调。

客厅的灯具选择没有定律，可根据空间大小和风格来选择。空间小的选择一个主灯即可，空间大的可以采用多种灯具共同营造氛围。需要注意的是，客厅是会客的地方，因此光线一定要充足。常见的灯具搭配款式有吊灯加筒灯或灯带。

特色软装运用

1 美式铜质吊灯

2 组合装饰画

3 箱式实木茶几

软装设计说明：美式铁艺吊灯作为主照明，落地灯与射灯为辅，空间亮度随意调节让整个客厅更加舒适。

软装设计说明：大型水晶吊灯为现代风格空间增添了无与伦比的时尚感与梦幻效果。

特色软装运用

1 水晶吊灯

2 矮柜式电视柜

3 几何图案地毯

卧室，温馨舒适最重要

卧室是休息的私人空间，柔和化是卧室的灯光布置要点，这样才能保证人全身心的放松。因此卧室的照明最好以温馨暖和的黄色为基调。同时，床头上方可嵌筒灯或壁灯，也可在装饰柜中嵌筒灯，使室内更具浪漫舒适的氛围。

特色软装运用

1 水晶吊灯

2 暖色灯带

3 手绘家具

软装设计说明：暖色灯带搭配造型优美的简易水晶吊灯，让整个卧室空间笼罩在一片温馨浪漫之中。

特色软装运用

1 水晶吊灯

2 描金实木软包靠背床

3 兽腿描金家具

软装设计说明：多头水晶吊灯具有美轮美奂的装饰效果，让古典欧式风格卧室更加奢华、浪漫。

特色软装运用

1 布艺床尾凳

2 箱式床头柜

3 古典几何图案地毯

软装设计说明：采光好的卧室选用无主灯式照明设计，可以根据实际情况来选择灯光数量，灵活多变。

餐厅，灯光与食欲有重要联系

灯光与人类的味觉、心理有着潜移默化的联系，因此挑选餐厅灯具尤为重要。餐厅的照明，要求色调柔和、宁静，有足够的亮度，并且与周围的桌椅餐具相匹配，构成视觉上的美感，以增进家人食欲。

餐厅灯具可依据餐桌的形状来选择。如方形餐桌上方适合安装高度恰当的吊灯，且宜配上灯罩。如果餐桌是圆形的，除了可在正上方装设长线吊灯外，还可在顶棚上安装一圈隐蔽式的下照灯作为辅助光源。如果对用餐气氛比较讲究，可选择亮度能够自由调节的壁灯作为餐厅灯具。

特色软装运用

1 现代风格水晶吊灯

2 大理石饰面餐桌

3 实木雕花座椅

软装设计说明：餐桌上方的水晶吊灯与暖色调的花卉相搭配，使整个用餐空间更加温馨、浪漫。

特色软装运用

1 创意铁艺吊灯

2 皮革餐椅

3 大理石餐桌

软装设计说明：创意十足的螺旋式铁艺吊灯成为餐厅设计的聚焦点，充分展现了现代极简风格的艺术感。

书房，以明亮柔和为原则

书房是工作和学习的重要场所，因此，在灯具选择上须保证有足够的照度。对于常常伏案书写的人，最好在写字台上备一盏台灯作为局部照明，这样既有书香气息，又有空间美观度。最好不要采用直接照明，另外，可以在顶棚四周安置间接光源作为辅助照明。

特色软装运用

1 组合筒灯

2 水墨装饰画

3 描金沙发椅

软装设计说明：书房通常是没有主灯设计的，一盏造型古朴雅致的护眼台灯美观实用，保证了书房安静的空间氛围。

软装设计说明：水晶吊灯无疑是书房空间最亮眼的装饰物，为空间提供一部分照明的同时，也具有赏心悦目的装饰效果。

软装设计说明：羊皮灯罩搭配铜质灯架组合形成的烛台式吊灯，让中式风格书房流入一些西方古典元素的意味。

卫生间，充分照明

卫生间灯具的使用频率较高，一般宜选吸顶灯。卫生间的整体灯光不必过于充足，只要有几处重点即可，比如化妆镜旁可以设置独立的照明灯，在盥洗盆的镜上或墙上安装壁灯，最终目的是让卫生间的每一处关键部位都能得到充分的照明。

特色软装运用

1 节能筒灯

软装设计说明：现代风格卫生间的照明设计以美观实用为主，造型简洁的节能灯让整个淋浴间的光线明亮又不会太过刺眼。

厨房，聚光偏暖很重要

厨房是做饭的场所，尽量不要把它打扮得过于花哨，最好还是选择本身自带灯具的橱柜。从节能上考虑，不要安置太多的灯具。一般不使用吸顶灯，因为它不聚光，只有散光，所以不宜在厨房中安装。光源尽量选择偏暖光，这样的光线很柔和。

软装设计说明：以多盏嵌入式筒灯组合运用来为厨房提供充足的照明，是现代风格厨房中十分常见的一种照明设计方式，既节能环保，又美观时尚。

玄关，改善采光条件

由于玄关通常没有自然采光，所以应有足够的人工照明，以改善采光不好的情况。暖色和冷色的灯光在玄关内均可以使用。暖色制造温情，冷色更清爽。一个造型时尚的壁灯，配在空白的墙壁上，既可装饰，又可照明，一举两得。

软装设计说明： 玄关空间多采用光线较强的射灯作为主要照明，通常以几盏或组合的形式出现；为营造整体居室的空间氛围，各种样式的灯带也是必不可少的。

特色软装运用

1 射灯

2 暖色灯带

3 组合装饰画

走廊，壁灯搭配讲求一致

走廊灯具的选择也是不容无视的，如配以具有异域风格的贝壳壁灯或云石壁灯，不仅起到辅助照明的作用，而且还是一件亮丽的家居饰品。此外，如果走廊过长，建议在顶部配自然光的射灯，且壁灯的搭配一定要与家居的整体风格一致。

特色软装运用

1 嵌入式筒灯

软装设计说明：狭长型走廊选择组合式照明是十分明智的，能有效避免使用单一主灯存在照明死角的尴尬局面。

第 4 章

软装搭配之装饰品

No.1 装饰画

装饰画的突出特点是兼具装饰性和欣赏性，因而区别于其他图画、图案，色彩和表现题材都是唯美与美好的象征。其重要价值就是满足人们的装饰需求，其目的就是美化我们的生活，愉悦我们的身心。

中国画

中国画具有清雅、古逸、含蓄、悠远的意境，不管是山水画、人物画还是花鸟画，均以立意为主，特别适合与中式风格装修搭配。中国画的常见形式有横、竖、方、圆、扇形等，可创作在纸、绢、帛、扇面、陶瓷、屏风等物上。

特色软装运用

1 中式装饰画

2 实木圈椅

3 大理石茶几

软装设计说明：中式写意风景画轻描淡写，却艺术感十足，将中式生活的安逸与享乐表达得淋漓尽致。

特色软装运用

1 水墨云海图

2 中式沙发

3 条案造型茶几

软装设计说明：气势磅礴的云海图为整个书房空间增添了浓郁的中式古典美感，也成为整个书房装饰中最吸引人的地方。

软装设计说明：用书法作品来装饰沙发墙面，展现出主人非凡的品位，也让整个空间的书香气息更加浓郁。

特色软装运用

1 书法字画

2 铁艺烛台式落地灯

3 中式坐榻

中国画挂画注意事项速查

山水画	山水字画挂法较为讲究，适合挂在客厅、书房等空间
竹子字画	寓意升高，节节高，适合挂放在书房、孩子卧室、办公室等空间
荷花字画	莲花，寓意和气，出污泥而不染，适合挂在客厅、会议室、老年人卧室等空间
牡丹字画	牡丹象征富贵、姣妍、繁华等，适合挂在客厅和卧室

油画

油画具有极强的表现力，丰富的色彩变化，透明、厚重的层次对比，变化无穷的笔触及坚实的耐久性。欧式古典风格的居室，色彩厚重，风格华丽，特别适合使用油画作为装饰。

特色软装运用

1 全铜烛台式吊灯

2 风景油画

3 白色实木座椅

软装设计说明：色彩浓郁的海洋主题风景画，为整个空间注入了地中海风情的浪漫与自由感，同时也让空间的色彩更加有层次。

摄影画

摄影画的主题多样，根据画面的色彩和主题内容搭配不同风格的画框，可以用在多种家居风格中。例如色彩华丽的作品可搭配欧式风格画框，简约的黑白作品可搭配现代简约风格画框。

工艺画

工艺画是用各种材料经过拼贴、镶嵌、彩绘等工艺制作成的装饰画，不同的装饰风格可以选择不同工艺的装饰画作为搭配。

软装设计说明：将风干的花草嵌入装饰画，为餐厅空间无形中注入了一丝大自然的味道，也彰显了主人别具一格的品位。

几何装饰画

几何线条在家居布置中却是不简单的设计，几何装饰画中，看似毫无规矩与逻辑可言的线条，实际上都是有迹可循、有规律的，利用创意来创造出一个全新的空间氛围。

软装设计说明：抽象的蓝、黄、绿色块装饰画，简约而不简单，让空间的艺术感十足。

特色软装运用

1 彩色几何装饰画

2 “X”形支架书桌

3 皮革单人沙发椅

软装设计说明：色彩斑斓的几何图案装饰画，在视觉上带来一定的律动感，也为空间注入一定的活力。

装饰画的排列方法速查

	示意图	作用
对称挂法		这种挂法简单易操作，选择同一色调或一个套图，以沙发、床或墙壁的中心线为准，对称摆放
重复挂法		同一尺寸的装饰画在一个方框里以固定间距整齐摆放，这种挂法一般所用的装饰画数量较多，可以几种不用色调、不同风格混合搭配
方框线挂法		这种挂法的开头和重复挂法一样，选定一个方框，然后在里面将大小不一的装饰画排列上
水平线挂法		选一条跟地面平行的水平线，上水平线、中心线、下水平线都可以，挂画时要保持画框的一条边在一条水平线上，另外一边可以高低不平
对角线挂法		这种挂法比较难，因为装饰画的形状各异，很难找准那条对角线，但挂出来的效果比较有艺术性
放射式挂法		选一张喜欢的又比较大的画为中心，向周围放射性挂上一些小画
搁板衬托法		用搁板来衬托照片，再也不担心照片会挂得高低不平，还可以常换常新

No.2 家居工艺品

家居工艺品是指室内装饰饰品，包含餐厅、客厅、卧室、书房、厨卫等空间的陈列装饰品，如瓷器、玻璃器皿、金属制品、木质饰品等多种陈列物。

特色软装运用

1 仿小鸟摆件

2 海报装饰画

3 手工玻璃壶

软装设计说明：不同材质、造型、颜色的饰品摆件，很好地点缀了以黑白为主色调的空间。

陶瓷工艺品

陶瓷工艺品是由陶瓷材料制作而成的工艺品，是一种可观赏、可把玩、可使用，又能够进行投资、收藏的一个艺术品种。陶瓷工艺品以其精巧的装饰美、梦幻的意境美、陶艺的个性美、独特的材质美，形成了独有的陶瓷文化，受到很多人的喜爱。

特色软装运用

1 雕花陶瓷花瓶

2 实木边柜

软装设计说明：组合式雕花陶瓷花瓶的运用，体现了美式家居生活的细致与浪漫情怀。

树脂工艺品

树脂工艺品是以树脂为主要原料，制成形象逼真的人物、动物、虫鸟、山水等造型。树脂工艺品是既实用又具有艺术性的装饰品。

特色软装运用

1 黑白几何装饰画

2 布艺沙发

3 仿小鸟树脂摆件

软装设计说明：抽象造型的树脂摆件为现代风格空间增添了活力与艺术气息。

玻璃工艺品

玻璃工艺品，也称玻璃手工艺品，是通过手工将玻璃原料或玻璃半成品加工而成的具有艺术价值的产品，具有灵巧、环保、实用的材质特点，还具有色彩鲜艳的气质特色，适用于室内的各种陈列。

特色软装运用

1 铁艺花器

2 手工气泡玻璃花器

3 陶瓷人物摆件

琉璃工艺品

琉璃工艺品是采用各种颜色的人造水晶为原料，用水晶脱蜡铸造法高温烧成的艺术作品。

特色软装运用

1 水晶灯

2 金属边柜

3 布艺沙发

软装设计说明：烛台、玻璃器皿、琉璃摆件等各种造型精美的摆件，展现出欧式风格奢华精致的美感。

水晶工艺品

水晶工艺品精莹通透、高贵雅致，性轻寒，具有实用价值和装饰作用，因此深受人们喜爱。水晶工艺品用料考究、工艺精细、典雅美观，具有较高的欣赏价值和收藏价值。

特色软装运用

1 水晶灯

2 水晶底座台灯

3 布艺床

软装设计说明：水晶台灯的底座造型精美逼真、清透时尚，为空间增添了几分优雅与别致。

金属工艺品

用金、银、铜、铁、锡、铝、合金等金属材料为主要材料加工而成的工艺品统称为金属工艺品。金属工艺品的风格和造型可以随意定制，以流畅的线条、完美的质感为主要特征，几乎适用于任何装修风格的家居。

特色软装运用

1 倚墙式书柜

2 金属仿动物摆件

软装设计说明：造型精美的金属摆件，精致时尚，为欧式客厅增添了摩登元素。

特色软装运用

1 欧式布艺沙发

2 仿动物金属摆件

3 弯腿边几

特色软装运用

1 组合装饰画

2 布艺茶几

3 兽腿家具

软装设计说明：整个客厅空间的家具饰品等元素淋漓尽致地展现出精致、温馨的美式情怀。

木质工艺品

木质工艺品以各种木材为主要原料，有机器制作，有纯手工制作，有半机器半手工制作，做工精细，设计简单，风格各异，色泽自然，新颖别致，是一种独具风格的工艺品。

特色软装运用

1 木质工艺品

2 柚木压纹大花瓶

3 柚木箱式边柜

软装设计说明：造型粗犷的木质工艺品，艺术感十足，展现出地中海风格原始、自然的特点。

编织工艺品

编织工艺品是将植物的枝条、叶、茎、皮等进行加工后，用手工编织而成的工艺品。编织工艺品在原料、色彩、编织工艺等方面形成了天然、朴素、清新、简练的艺术特色。

软装设计说明：手工编织的花器中盛放着精美的花草，搭配田园风格特有的手绘家具，让整个空间都洋溢着浓浓的自然风情。

特色软装运用

1 组合装饰画

2 手绘家具

工艺烛台

工艺烛台分为中式风格和欧式风格两种。中式风格传统烛台的款式多为管状圆柱立于高台盘上；欧式烛台造型中多使用欧式罗马柱或卷叶等元素。材质上，中式烛台多采用铜、锡、银、陶瓷等打造；欧式烛台多采用水晶、玻璃、铁等材质制作。

特色软装运用

1 铁艺烛台

2 皮革沙发

3 大理石饰面茶几

软装设计说明：灰白色调的现代风格空间内，布艺沙发及抱枕保证了空间的暖意；水晶烛台与玻璃器皿的运用让整个空间拥有了时尚感。

特色软装运用

1 组合装饰画

2 布艺沙发

3 水晶烛台

特色软装运用

1 烛台式水晶吊灯

2 嵌入式餐边柜

3 实木圆桌

软装设计说明：美式铁艺烛台优美的曲线、复古的造型给就餐空间带来怀古的气息。

No.3 绿植花艺

绿植花艺是装点生活的物品，是将花卉、植物经过构思、制作而创造出的艺术品。绿植花艺最讲究的是与周围环境和气氛协调融合。其比例、色彩、风格、质感上都需要与其所处的环境融为一体。

柔化空间，增添生气

树木绿植的自然生机和花卉千娇百媚的姿态，给空间注入生机，又可以使室内空间变得更加自然温馨。既能柔和金属、玻璃、石材、木制品组成的室内空间，又能将室内陈设完美地联系起来。

特色软装运用

1 蓝色水晶吊灯

2 黄色跳舞兰

3 人物油画

软装设计说明：黄色跳舞兰的运用很好地调节了蓝色在餐厅中的突兀，为就餐空间带来舒适与温馨的情调。

特色软装运用

1 嵌入式书柜

2 烛台式吊灯

3 皮质座椅

软装设计说明：大型阔叶植物，美化空间，点亮美好生活，让整个空间都富有生机。

美化环境，陶冶情操

植物经过光合作用后可以吸收二氧化碳，释放出氧气。在室内合理运用，能产生仿若置身于大自然的感觉，可以起到放松精神、缓解工作压力、调节空间氛围的作用。

抒发情感，营造氛围

室内植物花卉的摆放可以反映出主人的性格和品位，比如以松作为装饰花卉，可表现出主人坚强不屈、刚正不阿的品质；若以竹为装饰花卉，则可以表现出主人高风亮节的品格；以梅为装饰花卉，则彰显出纯洁高尚的品行；以兰为装饰花卉，则能凸显主人的高雅格调；色彩柔和的鲜花则能显示出主人甜美浪漫的情怀。

主要家居空间植物选择速查

	空间特点	适合花卉
阳台	光线充足，雨季水汽较重	铜钱草、薄荷、驱蚊香草、花叶芋、彩叶草、树马齿苋、沙漠玫瑰、仙人球、宝石花、虎刺梅等
客厅	采光和通风条件都不错，有一定的电器辐射、灰尘和噪声	橡皮树、棕竹、一叶兰、月季、菊花、紫罗兰、仙客来、虎尾兰、十二卷、绿萝、爱之蔓、金鱼花等
卧室	较封闭，气味不易散发	万寿菊、太阳花、紫罗兰、石竹、文竹、虎皮兰、富贵竹、空气凤梨、波士顿蕨、鸟巢蕨等
厨房	温度、湿度变化较大，有油烟、煤气污染	水仙、紫罗兰、天竺葵、冷水花、彩叶草、猪笼草等。不宜选用花粉太多的花
卫生间	通风、采光不好，极易滋生和繁殖细菌	冷水花、铁线蕨、鸟雀蕨、银脉凤尾蕨、水仙、玉簪、鸭跖草等

特色软装运用

1 日式布艺沙发

2 铁艺落地灯

3 纯毛地毯

软装设计说明：大面积的灰白色调空间内，可以选用大型植物作为绿化装饰，既能起到净化空气、美化环境的作用，又能为空间增添色彩层次，增添生机。

绿植与花艺的摆放需点到为止

家居环境中，植物切忌摆得杂乱无章，不留余地。在多数普通家居环境内，高度在1m以上的大型盆栽以放置1~2株为宜，置于角落或沙发边；中型盆栽的高度约 50~80cm，视房间的大小布置1~3盆即可；小型盆栽的高度在50cm以下，不宜超过6~7盆，置于案几、书桌、窗台等处。

软装设计说明：在空旷的走廊空间，可以适当摆放相对较大的花艺作为装饰，既能有效缓解空旷感，又能增添生趣与活力。

软装设计说明：黄色卷草图案的陶瓷花瓶搭配黄色跳舞兰，两相呼应，营造出一个别样精致的安逸角落。

软装设计说明：灰白色调空间内运用精美的绿植花艺作为空间的点缀，为现代风格空间增添了一丝自然感。

特色软装运用

1 布艺沙发

2 布艺坐墩

第 5 章

软装搭配之色彩

No.1 软装的色彩搭配技巧

根据环境和季节来变换家居软装色彩

居室可以根据不同的季节时令来搭配不同色调的软装饰品，如冬季可选择橘红、粉红、淡黄等暖色调来营造温暖的气氛，同时点缀几个冷色系饰品，这样可更加突出整体的暖色调。夏季则可以更换为清凉色系，比如淡蓝、淡紫色、绿色等。

客厅是家庭娱乐和待客的活动场所。色彩选择需要促进场所的明艳和视觉空间感；餐厅要用简洁、清爽的软装饰来营造舒适的用餐环境，配合暖色来增进食欲；书房则是读书、修身、怡情的地方，需要一个怡情安逸的色彩环境。

特色软装运用

1 创意吊灯

2 几何图案地毯

3 布艺沙发

软装设计说明：工业风格客厅内选用黑、白、灰三色作为空间的主要色调，一只黄色懒人沙发的出现使整个空间色彩更有层次，又不会显得过于突兀。

软装设计说明：米色与白色，浅淡清净，让睡眠空间更加安逸、舒适。

特色软装运用

1 高靠背软包床

2 箱式茶几

自然色

像白色、裸肤色、米色、浅棕色等自然色，可以将人们带回到自然的本真中去，同时也是环保观念的一种推崇。将自然色掺杂进布艺、纺织品等元素中，可使软装配饰显得更加贴近自然，使主人仿若置身大自然中。

特色软装运用

1 布艺沙发

2 布艺灯罩台灯

3 仿古图案地毯

软装设计说明： 整个空间以米色作为主色调，适当运用棕色与绿色进行辅助搭配，营造出一个自然、舒适、雅致的待客空间。

特色软装运用

1 布艺软包床

2 白色木质梳妆台

3 几何图案壁纸

软装设计说明： 蓝色与白色搭配，清新自然，让整个睡眠空间更加素雅、安逸。

特色软装运用

1 组合装饰画

2 布艺沙发

3 木质茶几

软装设计说明： 浅棕色的布艺沙发搭配几只土黄色、草绿色、深灰色抱枕，让整个空间既时尚又不失自然气息。

单色组合

大面积的整体单色处理，如用重色、彩度高的颜色会显得过分厚重，色质过强，给人以不适感。所以单色组合的话一般皆采用淡色及彩度不太高的颜色为主体。

特色软装运用

1 布艺床

2 纯毛地毯

软装设计说明：卧室的主色调采用单一的灰色调，再通过不同材质来调节色彩的层次，营造出一个和谐舒适的空间氛围。

特色软装运用

1 黑白色调装饰画

2 陶瓷人物雕像

3 抽屉式玄关柜

软装设计说明：浅调的单一色彩，在视觉上起到了扩大空间的作用，让小玄关看起来不至于太过拥挤。

双色组合

双色组合既可以是活泼突出的，又可以是温馨平淡的，两个主色系的用色比例至少都在30%以上。

特色软装运用

1 创意吊灯

2 极简风装饰画

3 塑料餐桌椅

软装设计说明：黑色与亮眼的柠檬黄是整个餐厅的主色调，两种颜色的对比成为整个空间设计的亮点。

软装设计说明：卧室墙面的装饰画是整个空间最亮的点缀，通过适当的蓝黄亮色的对比，让空间的色彩搭配得到升华。

特色软装运用

1 抽象彩色装饰画

2 布艺床

3 嵌入式平开门衣柜

特色软装运用

1 创意吊灯

2 布艺床

3 金属支架躺椅

软装设计说明：黑色与任何颜色都可以形成对比色，为了不显突兀，可以适当减少黑色的使用面积；黑色灯饰、躺椅与灰白色床品的对比让空间色彩和谐又时尚。

温馨浪漫色

温馨浪漫色是女孩子永远难以拒绝的家居色调。这类色彩，无须张扬，无须低调，不仅体现主人的个性，还能彰显浪漫主义情怀。

特色软装运用

1 水晶吊灯

2 手工玻璃底座台灯

3 圆柱形箱式床头柜

软装设计说明： 明亮的蓝色给人一种透明纯真的感觉，营造出一个温馨、浪漫的空间氛围。

特色软装运用

1 组合装饰画

2 水晶底座台灯

3 开放式床头柜

软装设计说明： 选用明亮的紫色作为卧室布艺床品的主要色调，显示出女主人特有的温柔、甜美的气质。

特色软装运用

1 嵌入式平开门衣柜

2 布艺床

3 树脂工艺饰品

软装设计说明：卧室中床品选用蓝色与粉色，形成色彩的冷暖搭配，使整个空间都散发着浪漫与甜美的气息。

特色软装运用

1 铁艺公主床

2 彩色布艺床品

3 布艺单人沙发

软装设计说明：明亮的黄色、粉红色、蓝色、绿色的点缀下，使整个卧室空间的氛围更加浪漫，又增添了梦幻的感觉。

软装设计说明：高明度的粉色营造出一个朦胧梦幻般的空间氛围，是体现温馨浪漫的最佳色彩。

特色软装运用

1 布艺沙发

2 布艺床

糖果色

糖果色拥有艳丽不俗的气质，更具清新活力。如果在壁纸或床品等处大面积地运用，可以营造一个甜美浪漫的空间氛围；小面积运用可以体现在抱枕或小型家具中，需要注意的是用色不宜过多，否则会使人产生眩晕感。

特色软装运用

1 创意吊灯

2 软包靠背床

3 布艺懒人沙发

软装设计说明：灰白色调的空间内，粉红色、明黄色等糖果色彩的点缀，为整个空间增添了无限的生趣。

特色软装运用

1 布艺沙发

2 红色木质方几

3 几何图案地毯

软装设计说明：少量的黄色与红色的运用使整个空间的色彩更加丰富，为现代风格居室注入一定的活力。

浓彩色

这种色彩搭配多穿插于一些具有民族风韵的软装之中。在浓郁的色彩中，配以纯黑、纯白或冷色，以凸显一种色彩张力。

特色软装运用

1 烛台式吊灯

2 皮革软包床

3 箱式床头柜

软装设计说明：红、蓝两色之间的强烈对比，搭配黑白的辅助，特别能凸显出整个空间配色的张力。

特色软装运用

1 组合装饰画

2 中式沙发

3 实木方几

软装设计说明：温暖的暗红色表现出历史的悠久与厚重，十分适用于新古典主义风格居室中。

混搭色

混搭色主要体现在一些可以作为居室装饰品的纪念品或家具中，在互相搭配中呈现出一种混搭而不混乱的新风格。

特色软装运用

1 日式布艺沙发

2 钢化玻璃茶几

3 彩色木质边柜

软装设计说明：空间色彩的混搭可以体现在一件别致的家具中，斑斓的色彩可以让以灰白为主题色的空间更有生趣。

特色软装运用

1 水晶吊灯

2 倚墙式书柜

3 古典抽屉式书桌

软装设计说明：沉稳的色彩让空间更加自然、稳定，而且也十分丰富，很适合古典美式风格居室使用。

奢华经典色

经典色多以深色系为主，像深紫、深蓝、藏青等，这样的色彩会有沉静的感觉。使用经典色，可以适当地加入一些铜制品或金色的装饰品，以此来衬托出奢华气质。

特色软装运用

1 高靠背布艺床

2 蓝色玻璃底座台灯

3 箱式床头柜

软装设计说明：冷色与暗暖色的搭配，让整个空间显得更加传统、厚重。

特色软装运用

1 铜质吊灯

2 嵌入式餐边柜

3 大理石饰面餐桌

软装设计说明：经典的蓝色使空间具有一定的睿智感，搭配适当的金色则为空间注入华丽感。

特色软装运用

1 皮质单人沙发椅

2 实木茶几

3 陶瓷坐墩

软装设计说明：经典的蓝色在整个空间的使用面积最大，占有一定的优势，使传统欧式风格空间具有清爽、惬意的感觉。

百搭的对比色

常见的对比色搭配有冷暖色调搭配、鲜艳和清淡的色调搭配、暗色调相互搭配、清雅色调之间的搭配。还有一些百搭的色调，诸如白色、黑色，它们是永恒的经典色系。

特色软装运用

1 皮质沙发

2 实木箱式茶几

3 仿动物皮毛地毯

软装设计说明： 蓝色与黄色是最鲜明的对比色，大面积的蓝色搭配黄色点缀，使整个空间硬朗又不失愉悦感。

特色软装运用

1 嵌入式餐边柜

2 玻璃吊灯

3 实木餐桌椅

软装设计说明： 与黑白对比的强烈感相比，深灰色与白色的搭配显得柔和许多，同时也不会因运用面积过大而使人产生不适感。

No.2 软装的色彩运用禁忌

黑色在软装中的运用

黑色是非常沉寂的色彩，所以不宜选用黑色装饰卧室墙面。建议在大面积的黑色中点缀适当的金色，会显得既沉稳又有奢华之感；而与白色搭配更是永恒的经典；与红色搭配时，气氛浓烈火热，一般应该在饰品上使用纯度较高的红色点缀，神秘而高贵。

软装设计说明：黑色与任何一种颜色都可构成对比色，与暗暖色相搭配，可以有效缓解对比力度，使空间更加稳重。

特色软装运用

1 铁艺吊灯

2 组合装饰画

3 素色地毯

软装设计说明：黑色餐椅与白色餐桌的对比让整个空间更加清晰、明快，也更有时尚感。

黑白对比色在软装中的运用

黑白搭配的房间很有现代感，是一些时尚人士的首选。但如果在房间内将黑白等比使用就显得太过花哨了，长时间在这种环境里，会使人眼花缭乱，紧张、烦躁，让人无所适从。最好以白色为主，局部点缀其他色彩，使空间变得明亮舒畅，同时兼具品位与趣味。

特色软装运用

1 遮光纱帘

2 石膏板造型板

软装设计说明：黑、白两种颜色使用面积的合理分配有效缓解了黑色的厚重感，使黑、白两色的对比更加富有活力。

软装设计说明：合理的黑白对比配色让空间显得清晰分明且充满力度感，彰显出现代风格空间的活力与时尚。

紫色在软装中的运用

紫色给人的感觉是沉静的、脆弱纤细的，总给人无限浪漫的联想，追求时尚的人最推崇紫色。但大面积的紫色会使空间整体色调变深，从而产生压抑感。可以在居室的局部作为装饰亮点，比如卧房的一角、卫浴间的帷帘等处。

特色软装运用

1 皮质沙发

2 兽腿实木茶几

3 布艺单人沙发椅

软装设计说明：紫色单人沙发椅的运用为空间注入了优雅、华丽的色彩氛围。

特色软装运用

1 布艺沙发

2 几何图案地毯

3 木质边柜

软装设计说明：浓郁的紫色为空间注入一丝华丽的感觉，与适量的黑色、灰色元素相搭配，营造出一个颇具诱惑力的空间。

软装设计说明：沉稳浑浊的暗紫色为简洁的现代风格空间增添了一丝传统、厚重的味道。

特色软装运用

1 创意吊灯

2 布艺沙发

3 布艺懒人沙发

粉红色在软装中的运用

大量运用粉红色容易使人心情烦躁。建议粉红色作为居室内装饰物的点缀色出现，或将颜色的浓度稀释，淡淡的粉红色墙壁或壁纸能让房间更显温馨。

特色软装运用

1 平开式布艺窗帘

2 创意花瓶

3 几何形状地毯

软装设计说明：淡淡的粉色点缀出一个轻柔浪漫的空间氛围。

特色软装运用

1 白色实木边柜

2 纯棉布艺床品

3 弯腿双人沙发

软装设计说明：在干净、清爽的空间内，融入一抹淡粉色，让整个空间多了一些柔和、细腻的味道。

特色软装运用

1 装饰画

2 羊皮纸壁灯

软装设计说明：粉红色壁灯的运用，让整个空间呈现出温馨浪漫的感觉。

红色在软装中的运用

红色具有热情、奔放的含义，充满燃烧的力量。但如果居室内红色过多，会让眼睛负担过重，产生头晕目眩的感觉。可以在软装饰上使用红色，比如窗帘、床品、靠包等，而用淡淡的米色或清新的白色搭配，可以使人神清气爽，更能突出红色的喜庆气氛。

特色软装运用

1 黑白色调装饰画

2 皮质沙发椅

3 抽屉式书桌

软装设计说明：暗红色皮质座椅让整个书房的氛围颇具奢华感，营造出一个相对沉稳的空间。

金色在软装中的运用

应避免大面积使用金色，可以作为壁纸、软帘上的装饰色；在卫生间的墙面上，可以使用金色的陶瓷锦砖搭配清冷的白色或不锈钢。为了让居室的环境更有亲和力，不妨在角落里摆放些绿色的小盆栽，使房间充满情趣。

特色软装运用

1 金属框架茶几

2 皮质沙发

3 几何图案地毯

软装设计说明：金色的奢华感让现代欧式风格的特点更加突出，也为空间增添了一定的时尚感。

软装设计说明：金色边框茶几的运用使空间更加精致，让整个空间时尚感十足。

软装设计说明：少量的金色为空间带来不可忽视的现代气息与摩登感。

橙色在软装中的运用

橙色是生机勃勃、充满活力的颜色。同时，橙色有诱发食欲的作用，所以也是装点餐厅的理想色彩。将橙色和巧克力色或米黄色搭配在一起也很舒畅，巧妙的色彩组合也是追求时尚的年轻人的大胆尝试。

特色软装运用

1 铁艺吊灯

2 金属创意座椅

软装设计说明：一抹橙色的灯光为空间提供了一个舒适、温馨的氛围，也柔化了工业风的硬朗腔调。

软装设计说明：橙红色布艺元素的点缀，给整个空间增添了活力与休闲感。

特色软装运用

1 烛台式吊灯

2 布艺沙发

3 大型绿植

特色软装运用

1 铜质吊灯

2 组合式餐边柜

3 塑料餐椅

软装设计说明：橙色与黑色的对比让空间更有活力，同时也彰显出现代风格空间的蓬勃朝气。

黄色在软装中的运用

黄色对人具有稳定情绪、增进食欲的作用。但长时间接触高纯度黄色，会让人有一种慵懒的感觉，所以建议在客厅与餐厅适量点缀一些就好，黄色最不适宜用在书房，它会减慢思考的速度。

特色软装运用

1 布艺沙发

2 玻璃饰面茶几

3 皮质单人沙发椅

软装设计说明：橙色与黄色的鲜艳色调，营造出十分明朗、充满活力的氛围。

特色软装运用

1 布艺沙发

2 布艺单人座椅

3 托盘式圆形茶几

咖啡色在软装中的运用

咖啡色属于中性暖色调，它优雅、朴素，庄重而不失雅致。咖啡色本身是一种比较含蓄的颜色，为了避免沉闷，可以用白色、灰色或米色等作为填补色。

特色软装运用

1 布艺软包床

2 箱式床头柜

3 纯毛地毯

软装设计说明：咖啡色的运用，有温暖和缅怀的感觉，搭配适当的灰色，则营造出十分坚实的感觉。

软装设计说明：明度与饱和度相对较低的暗暖色的运用，让整个空间都呈现出浓厚的传统意味。

特色软装运用

1 铁艺吊灯

2 支架式床头柜

特色软装运用

1 水晶吸顶灯

2 皮质沙发椅

3 实木茶几

软装设计说明：深咖啡色的地毯及实木茶几为整个空间增添了厚重感，营造出一个坚实稳重的空间氛围。

蓝色在软装中的运用

蓝色具有调节神经、镇静安神的作用。蓝色清新淡雅，与各种水果相配也很养眼，但不宜用在餐厅或者厨房，蓝色的餐桌或餐垫上的食物，不如与暖色搭配看着有食欲；同时不要在餐厅内装蓝色的情调灯，蓝色灯光会让食物看起来不诱人。

特色软装运用

1 水墨装饰画

2 布艺沙发椅

3 实木书桌

软装设计说明：几抹蓝色元素的运用为整个暖调空间起到了一定的降温作用，使整个书房空间显得更加明亮、素雅。

第 6 章

[软装搭配之风格]

古典欧式风格软装搭配

欧式风格是现在很多年轻人最喜爱的风格之一，欧式风格的主要元素是壁纸、壁炉、拱形门窗等。但是欧式风格的造价也是较高的，原因在于工期比较长，而且专业程度相对于其他风格来说更高，适合在别墅和大户型的房子中使用。

古典欧式风格软装搭配预览

软装配色	金色、银色、红色、棕色系、白色系、紫色、蓝色、绿色、茶色等
家具	皮革或布艺沙发、兽腿家具、贵妃榻、四柱床、实木描金家具
家居饰品	水晶吊灯、罗马窗帘、油画、石膏雕像、描金餐具
布艺图案	大马士革图案、佩斯利图案、大朵花卉图案

优雅高贵的软装色彩

欧式古典风格的色彩也分为两个极端：常见的是以白色、淡色为底色搭配白色或深色家具，营造优雅高贵的氛围；或者以华丽、浓烈的色彩配以精美的造型，达到雍容华贵的装饰效果。

特色软装运用

1 水晶吊灯

2 箱式床头柜

3 软包靠背床

软装设计说明：金属的高贵感不言而喻，是营造华丽氛围不可或缺的元素之一，经典的宝石蓝则增强了整个空间的高贵感。

特色软装运用

1 铁艺吊灯

2 软包靠背床

3 提花丝质卷帘

软装设计说明：咖啡色是一种低调、沉稳又不失高雅的颜色，点缀出整个卧室空间浓厚的传统意味。

软装设计说明：暗暖色与金色的搭配，彰显了欧式风格低调、奢华的特点。

特色软装运用

1 水晶吊灯

2 布艺床

传统手工雕刻实木家具

欧式家具的特点是讲究手工精细的裁切雕刻，轮廓和转折部分由对称而富有节奏感的曲线或曲面构成，并装饰镀金铜饰，线条流畅，色彩富丽，艺术感强，给人的整体感觉是华贵优雅。

特色软装运用

1 实木描银家具

2 箱式床头柜

3 欧式花卉地毯

软装设计说明：古典欧式手工雕花实木家具的描银处理，使整个空间显得奢华大气。

特色软装运用

1 水晶烛台吊灯

2 实木书桌

3 实木雕花单人座椅

软装设计说明：座椅上精美的手工雕花与卷草图案布艺相结合，展现出欧式风格家具的古朴与精致。

柔软耐用的皮艺沙发

皮艺沙发表面柔软温润，触感细致柔滑，而且使用越久，皮革会越来越软，变得更有味道。

特色软装运用

1 水晶吊灯

2 皮质茶几

3 皮质沙发

软装设计说明：皮质沙发的线条优美，造型古朴，在银色铆钉的修饰下显得更加奢华、有质感。

雍容华丽的布艺窗帘

欧式风格的窗帘很有质感，可以选用考究的丝绒、真丝、提花织物，也可以选用质地较好的麻制面料，颜色和图案也应偏向于华丽、沉稳。

特色软装运用

1 布艺窗帘

2 水晶烛台吊灯

3 欧式花边地毯

软装设计说明： 色彩浓郁的布艺窗帘搭配金色流苏元素，营造出一个华丽、沉稳、浪漫的卧室空间。

典雅舒适的地毯

欧式风格装修中，地面的主要角色应该由地毯来担当。地毯的舒适脚感和典雅的独特质地与西式家具的搭配相得益彰。最好选择图案和色彩相对淡雅的地毯，过于花哨的地面会与欧式古典的宁静和谐相冲突。

特色软装运用

1 高靠背软包床

2 布艺单人沙发椅

3 铁艺边几

软装设计说明： 太阳花图案的地毯色彩清淡素雅，是整个卧室空间最亮眼的搭配元素。

传统的植物主题图案

古典欧式风格中，布艺饰品、壁纸等元素主要是以莫里斯、大马士革、巴洛克、洛可可等一些以植物题材为主题的传统纹样作为装饰图案。

特色软装运用

1 皮革软包床

2 椭圆形箱式床头柜

3 布艺单人沙发

软装设计说明：床品与壁纸都选用传统的大马士革纹样，在搭配设计上体现了一定的整体感，让整个卧室的氛围更加舒适。

软装设计说明：植物图案的布艺窗帘，遮光效果良好，与床品、家具等配饰搭配，使整个空间更加沉稳、舒适。

特色软装运用

1 铜质吊灯

2 提花布艺窗帘

3 几何图案地毯

厚重浓郁的装饰画

欧式风格装修的房间里可以摆放一些尺寸比较大的装饰画，可以选用线条烦琐，看上去比较厚重的画框，以与之匹配，而且并不排斥描金、雕花等修饰手法。

特色软装运用

1 油画

2 木雕

3 布艺沙发椅

软装设计说明：色彩浓郁的装饰画搭配金色雕花画框，流露出古典欧式风格丰厚的文化底蕴。

工艺精湛的艺术饰品

欧式软装饰品讲究精致与艺术感，可以在桌面等处放一些雕刻及镶工都比较精致的艺术品，可以充分展现丰富的艺术气息。另外，金边茶具、银器、水晶灯、玻璃杯等器件也是很好的点缀艺术饰品。

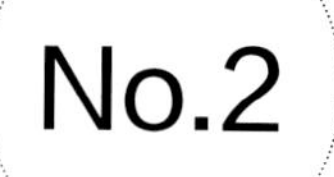

No.2 新欧式风格软装搭配

新欧式风格软装从简单到繁杂、从整体到局部，精雕细琢，镶花刻金都给人一丝不苟的印象。一方面保留了古典欧式在材质和色彩上的大致风格，仍然可以很强烈地感受到传统的历史痕迹与浑厚的文化底蕴，另一方面又摒弃了过于复杂的肌理和装饰，简化了线条。

新欧式风格软装搭配预览

软装配色	白色系、金属色系、大地色系、无彩色系、蓝色系等
家具	造型复古的实木家具、描金木质家具、猫脚家具、皮革沙发、布艺沙发
家居饰品	铁艺枝灯、抽象画、罗马窗帘、雕花陶质花器、石膏雕像、简线条仿动物摆件
布艺图案	大朵玫瑰图案、波纹线条、横竖条纹

自然大气的软装色彩

新欧式风格软装色彩比较大气， 更贴近于自然，具有很强的实用性，色彩上以象牙白为主色调，以浅色为主、深色为辅。相比拥有浓厚欧洲风的欧式装修风格，新欧式风格更为清新，也更符合我国消费者内敛的审美观念。

特色软装运用

1 软包床

2 开放式床头柜

3 布艺窗帘

软装设计说明：象牙白的柔和与淡紫色的浪漫，使整个卧室空间都散发着舒适与浪漫的气息。

纤秀典雅的描金家具

新欧式风格家具与欧式古典风格家具一脉相承，与美式风格家具有异曲同工之妙。以描金家具最为常见，有黑漆描金、紫漆描金、红漆描金和白漆描金等；造型大多为圆形和方形，突出大气优雅；一般都使用比较精细和名贵的材料。

软装设计说明：造型简洁的描金餐桌椅是整个餐厅最亮眼的装饰，充分展现了新欧式风格的轻奢与精致品位。

特色软装运用

1 太阳形状装饰镜

2 仿动物树脂摆件

3 平开式布艺窗帘

特色软装运用

1 风景油画

2 水晶吊灯

3 布艺沙发

软装设计说明：纤细的黑漆描金边几是新欧式风格家具的代表，造型简洁又不失贵气。

清新典雅的布艺织物

对于新欧式风格居室的布艺材质，有很大的选择空间，如镶嵌金丝、银丝、水钻、珠光的华丽织锦，或者绣面、丝缎、薄纱、天然棉麻等材质；一般建议选用带有传统欧式花纹图案的布艺织物，色彩以清新淡雅的色调为主，搭配浅色或深色的描金复古家具，展现出新欧式风格典雅唯美的特点。

特色软装运用

1 水晶吊灯

2 布艺沙发

3 钢化玻璃茶几

特色软装运用

1 组合装饰画

2 纯棉布艺床品

3 玻璃推拉门衣柜

软装设计说明：卧室床品的颜色搭配清淡、素雅，使卧室的氛围更加和谐。

软装设计说明：布艺窗帘、水晶吊灯、提花布艺抱枕等精致的元素都体现出新欧式风格对舒适的追求大于形式。

特色软装运用

1 水晶吊灯

2 金属支架茶几

3 纯毛地毯

素色调的欧式花纹地毯

新欧式风格空间中，地毯的颜色与地面色差不宜太大，最好使用大块地毯进行铺设。地毯主要用来装饰地面、提升舒适性，因此建议使用大面积的欧式花纹地毯。

特色软装运用

1 水晶壁灯

2 布艺沙发

3 方形箱式茶几

软装设计说明：传统欧式植物花纹地毯的色调朴素，为空间带来舒适触感的同时也保证了空间色调的稳定。

特色软装运用

1 铜质吊灯

2 金属支架茶几

3 布艺沙发

软装设计说明：植物花纹地毯温和的色调及触感弱化了大量金属元素给空间带来的冰冷感。

特色软装运用

1 组合装饰画

2 布艺沙发

3 欧式花纹地毯

软装设计说明：朴素的暗暖色地毯让空间显得更加沉稳、舒适。

简洁大方的水晶灯

新欧式灯具外形简洁，摒弃古典欧式灯具的繁复造型，既继承了古典欧式灯具的雍容华贵、豪华大方，又具有简约明快的新特征，适合现代人的审美情趣。

特色软装运用

1 水晶吸顶灯

2 金属摆件

3 嵌入式玄关柜

软装设计说明：造型简洁的圆柱形水晶吸顶灯营造出一个明亮而又梦幻的玄关空间。

软装设计说明：双层水晶吊灯是整个餐厅装饰的亮点，为整个用餐空间提供了一个奢华、舒适的空间氛围。

特色软装运用

1 水晶吊灯

2 嵌入式餐边柜

3 大理石餐桌

4 皮质餐椅

特色软装运用

1 多层水晶吊灯

2 皮质沙发椅

3 几何图案地毯

软装设计说明：圆柱形错层水晶吊灯的造型简洁，装饰效果极佳，为空间注入不容忽视的时尚感与摩登感。

简洁的几何形装饰图案

新欧式风格在图案及色彩的搭配方面都非常重视。运用一些几何线条图案作为点缀，采用明快跳跃的色彩搭配，使整体更加简洁流畅。另外，在一些装饰品上，运用直线的同时也非常强调线型的流动变化，将直线与曲线相互结合，营造出室内豪华典雅的气氛。

特色软装运用

1 铜质吊灯

2 提花布艺床品

3 几何图案地毯

软装设计说明：直线条与几何线条的运用，装饰出一个简洁、舒适的新欧式风格卧室。

特色软装运用

1 菱形软包

2 软包靠背床

3 兽腿床头柜

软装设计说明：菱形是新欧式风格空间内最经典的装饰图案，简洁流畅，又不失格调。

仿动物饰品

新欧式风格仿动物造型的工艺饰品十分常见，不同于美式风格的粗犷、古典风格的繁复，新欧式风格工艺饰品的造型优雅，线条简洁流畅，与其家居风格特点十分相配。

No.3 乡村美式风格软装搭配

乡村美式风格强调包容性，可以容纳多种特点，杂糅各种风格，因此美式风格常令人感到宽大、舒适。颜色上以明快为主，泛黄的装饰、做旧的设计，好像一幅乡村风景油画。

乡村美式风格软装搭配预览

软装配色	白色系、大地色系、无彩色系、绿色系等
家具	粗犷的实木家具、布艺沙发、皮革沙发、摇椅、斗柜、四柱床
家居饰品	铁艺灯具、风景油画、地毯、壁炉、仿古摆件、大型盆栽、花卉
布艺图案	大朵玫瑰图案、横竖条纹、佩斯利图案

软装设计说明： 原木色的家具为清淡、秀雅的空间增添了一份自然、朴素的美感。

自然朴质的软装色彩

美式风格的软装配色主要以原木自然色调为基础,一般以白色、红色、绿色等色系作为居室整体色调,而在墙面与家具以及陈设品的色彩选择上,多以自然、怀旧、散发着质朴气息的色彩为主,如米色、咖啡色、褐色、棕色等。整体色彩朴实、怀旧，贴近大自然。

特色软装运用

1 铁艺壁灯

2 软包高靠背床

3 纯毛地毯

粗犷大气的实木家具

美式家具中常见的是新古典风格的家具。这种风格的家具，设计的重点是强调优雅的雕刻和舒适的设计。在保留了古典家具的色泽和质感的同时，又注意适应现代生活空间。在这些家具上，我们可以看到华丽的枫木滚边，枫木或胡桃木的镶嵌线，纽扣样的把手以及模仿动物形状的家具脚腿造型等。

特色软装运用

1 风景油画

2 抽屉式书桌

3 皮质座椅

特色软装运用

1 整墙式书柜

2 油画

3 抽屉式书桌

软装设计说明：造型别致的抽屉式实木书桌，是整个书房装饰中最大的亮点，也展现了美式生活的古朴与粗犷。

特色软装运用

1 油画

2 整墙式书柜

3 圆形实木书桌

软装设计说明：色彩沉稳的实木书柜搭配金属色五金把手，展现出美式生活精致、奢华的一面。

款式简洁明快的布艺织物

布艺软装饰作为美式风格家居中最主要的装饰元素，通常以棉、麻等天然织物为主，图案一般有形状较大的花卉、经典的欧式花纹、英伦格子、条纹等，色彩一般选用米白、米黄、紫色、土褐、酒红、墨绿、深蓝等色调。

特色软装运用

1 布艺单人沙发

2 皮革茶几

3 几何图案地毯

软装设计说明：条纹与小碎花图案的布艺家具完美展现出美式田园生活的安逸与舒适。

软装设计说明：大朵花卉图案的布艺沙发使整个书房空间散发出一丝舒适与自然的味道。

特色软装运用

1 兽腿实木书桌

2 布艺单人沙发

3 仿古图案地毯

色彩浓郁的风景油画

美式风格家居装修都少不了装饰画，通常以乡村风景油画为主。美式的家居空间一般都比较大，所以油画的尺寸可大可小。在空阔的环境中添加一幅别有特色的装饰画，无疑给人一种心旷神怡的感觉。

特色软装运用

1 油画

2 实木雕花边桌

3 布艺单人沙发

软装设计说明：色彩浓郁的乡村风景油画让整个空间具有自然气息。

特色软装运用

1 铜质烛台吊灯

2 油画

3 高靠背实木座椅

软装设计说明：乡村风景画的运用给整个配色传统、稳重的餐厅增添了一丝安逸的感觉。

特色软装运用

1 布艺窗帘

2 风景油画

3 描金实木家具

软装设计说明：略显古典奢华意味的书房空间，一副风景油画的出现，让浓郁的空间多了一份自然的味道。

仿古风格的工艺饰品

美式风格常常使用仿古艺术品突出文化艺术气息，被翻卷边的古旧书籍、动物的金属雕像等，这些饰品搭配起来营造出浓郁、厚重的文化氛围。

特色软装运用

1 铜质台灯

2 实木摆件

3 皮质沙发

软装设计说明：造型别致的实木仿旧摆件为空间带来一丝久远、深邃的气息。

大小植物花卉的运用

植物能够带来自然的气息。美式装修风格喜欢体现自然的惬意，所以美式田园风格的居室内有很多的绿色植物，一般都是终年常绿的植物，房间的地面、柜子及桌子上都可以摆放。

软装设计说明：餐桌上的精美花卉给沉稳的空间增添了一丝浪漫的气息。

特色软装运用

1 静物主题油画

2 铁艺花器

3 圆形实木餐桌

复古的铁艺灯饰

美式家居里面，铁艺灯饰是很常见的，一般选用古典的壁灯或落地灯，昏暗的灯光与家具相搭配，显得居室特别高雅。

特色软装运用

1 铁艺壁灯

2 花艺

软装设计说明：仿古造型的铁艺壁灯造型独特，既保证了空间照明，又营造出一个古朴、雅致的氛围。

自然的大花图案

美式乡村风格非常重视生活的自然舒适性，突出格调清婉惬意，外观雅致休闲。装饰图案主要以较大的花卉图案或条纹图案为主。

软装设计说明：壁纸与窗帘都选用大朵花卉作为装饰图案，体现出软装搭配的整体感与和谐感。

特色软装运用

1 圆形吸顶灯

2 布艺单人沙发

3 雕花实木床

No.4 中式风格软装搭配

中式风格的软装设计非常讲究层次感，在需要隔绝视线的地方，通常会设置中式的屏风或窗棂、中式木门或简约的中式博古架等。通过这种空间隔断的方式，单元式住宅就能展现出中式家居的层次之美。以对称、简约、朴素、格调雅致、文化内涵丰富，体现主人较高的审美情趣与社会地位。

中式风格软装搭配预览

软装配色	无彩色系、中国红、帝王黄、蓝色系、大地色系
家具	圈椅、案类家具、坐墩、博古架、屏风
家居饰品	宫灯、瓷器、文房四宝、中国画、佛教饰品、风格花艺
布艺图案	回字纹、万字纹、牡丹图案、龙凤图案、瑞兽图案、福禄寿纹样

中式风格软装之色彩

中式风格的色彩以苏州园林和京城民宅的黑、白、灰色为基调，在黑、白、灰基础上又以皇家住宅的红、黄、蓝、绿等作为局部色彩。

特色软装运用

1 布艺台灯

2 布艺床品

3 实木边柜

软装设计说明： 红色的运用点缀出浓郁、古朴的中式风情。

古色古香的明清家具

中式风格家具的代表是明清古典传统家具及现代家具。以中国传统文化内涵为设计元素，在室内布置、陈设等方面，吸取传统装饰"形"与"神"的特征，根据不同的户型居室，采取不同的布置。家居中新中式风格的家具可为古典家具，或现代家具与古典家具相结合。

特色软装运用

1 陶瓷摆件
2 佛教饰品
3 实木条案

软装设计说明：带有云纹雕花图案的条案展现了中式传统文化的底蕴。

软装设计说明：实木条案没有过多繁复的雕花装饰，简洁的造型搭配中式风格特有的字画，展现出中式传统文化的底蕴。

特色软装运用

1 字画
2 铁艺吊灯
3 实木条案

特色软装运用

1 博古架
2 实木坐榻
3 中式图案地毯

软装设计说明：布艺坐垫与抱枕的修饰，既保留了中式实木坐榻的风韵，又增强了舒适感。

华贵、清雅的布艺织物

中式风格的软装布艺饰品多选用棉、麻、丝绸等天然材质为主要材料，色彩以米色、杏色、金色、红色、紫色等清雅、华贵的色调为主。经常使用流苏、云纹、盘扣等作为点缀。图案以经典的龙、凤、梅、兰、竹、菊等装饰元素为主。

特色软装运用

1 纯棉床品

2 布艺单人沙发

3 素色调地毯

软装设计说明：简洁朴素的床品布艺，展现出新中式风格自然、舒适、清秀的一面。

软装设计说明：布艺抱枕的盘扣式设计彰显了中式传统手工艺的精湛，展现出属于中式文化的精致与品位。

特色软装运用

1 平开式布艺窗帘

2 大理石茶几

3 陶瓷坐墩

浓淡相宜的水墨国画

在现代中式风格的装饰中，进行软装搭配经常用到的手法之一就是使用水墨画装饰，不仅能为居室增添装饰效果，同时还能体现居室主人的高雅品位。

特色软装运用

1 宫灯式吊灯

2 水墨风景画

软装设计说明：中式水墨画的色彩浓淡相宜，即便是大面积运用也不会使空间显得压抑。

代表性的装饰植物

中式风格居室内的植物花卉通常为一些具有代表性的植物，除了最常见的梅、兰、竹、菊外，松柏、榕树、莲蓬、文竹等也可以使中式风格空间显得文静优美，为空间增添高雅、清新的韵味。

特色软装运用

1 陶瓷花器

2 金属摆件

3 实木餐边柜

软装设计说明：黑白色调的新中式风格空间内，一枝独秀的梅花，装扮出一个清丽、秀雅的空间氛围。

寓意美好的传统灯饰

中式传统灯饰的制作工艺精湛，也强调色彩的对比，图案也有很多选择，展现了古典和传统文化的神韵。色调温馨，给人温馨、宁静的感觉，起到画龙点睛的作用。多运用云石、玻璃、羊皮、布艺等材质的灯罩，显得古朴典雅。

特色软装运用

1 实木平板床

2 实木书桌

软装设计说明： 羊皮饰面的宫灯式台灯，是书桌上最突出的装饰物，也为中式风格空间增添了一抹古朴的韵味。

软装设计说明： 圆柱形灯罩落地灯浓缩了传统宫灯的影子，装饰性与实用性并存。

特色软装运用

1 中式沙发

2 实木茶几

寓意吉祥的传统装饰纹样

回字纹、云纹与团花纹样是中国传统的装饰纹样，在织物、木雕、家具、瓷器上到处可见，主要用作边饰或底纹，拥有整齐而丰富的视觉效果。

特色软装运用

1 宫灯式落地灯

2 中式四柱床

3 陶瓷摆件

软装设计说明： 床品中万字纹的运用体现了传统中式文化中对祥和、如意的美好向往。

独具特色的传统配饰

中式风格家居中的传统配饰十分丰富，有京剧脸谱、中国结、古玩、瓷器、陶艺、文房四宝、中式窗花等，这些中式古典物品均具有一定的含义。

特色软装运用

1 瓷器

2 博古架

3 字画卷轴

软装设计说明：各种精美的瓷器、字画、文房四宝等是中式风格中特有的传统装饰元素，体现了中式文化意境悠远的底蕴。

软装设计说明：象征祥瑞的祥云雕花摆件，为整个色彩沉稳的空间带来了一抹清新感，装扮出一个十分亮眼的角落。

特色软装运用

1 祥云摆件

2 实木条案

No.5 东南亚风格软装搭配

东南亚的装修极具异域风情，每一种软装搭配物品都很有代表性。无论是柚木家具、泰丝，还是纱幔，都能让人感受到东南亚风格的自然与舒适。

东南亚风格软装搭配预览

软装配色	大地色系、白色系、蓝色系、黄色系、红色系、紫色系
家具	柚木家具、木雕家具、藤质家具
家居饰品	佛教饰品、木雕摆件、金属制品、大象饰品、泰丝抱枕、幔帐、阔叶植物
布艺图案	富贵竹图案、莲花图案、芭蕉图案、佛教图案

斑斓高贵的软装色彩

东南亚风格软装中的色彩具有浓郁的热带风情，经常借用一些夸张艳丽的色彩来打破沉闷。在东南亚风格的色彩搭配中，主要有三种：一是以原木色为主色调，或采用褐色及咖啡色等大地色系，从视觉上给人一种泥土的朴实感；一种是采用大红、大绿、大紫等鲜艳夸张的颜色；还有一种是黑、白、灰的组合，这种色彩的组合比较适用于现代的东南亚风格软装中。

特色软装运用

1 布艺沙发

2 柚木家具

软装设计说明：多种色彩的布艺抱枕营造出一个热闹又不失沉稳和谐的空间氛围。

原始自然的家具

东南亚家具在材料运用上也有其独到之处。大部分的东南亚家具采用两种以上的不同材料混合编织而成。藤条与木片、藤条与竹条，材料之间的宽、窄、深、浅，形成有趣的对比，各种编织手法的混合运用令家具作品变成了一件手工艺术品，每一处细节都值得细细品味。

特色软装运用

1 实木仿古雕花

2 布艺沙发

软装设计说明：大量的柚木家具展现了东南亚风格得天独厚的取材优势与自然古朴的特点。

特色软装运用

1 手工玻璃吊灯

2 藤木餐椅

3 佛教饰品

软装设计说明：藤木两种材质结合的餐椅，造型简洁又不失雅致，为空间增添了一份质朴感。

色彩绚丽的布艺

泰丝质地轻柔，色彩绚丽，富有特别的光泽，图案设计也富于变化，极具东方特色又带有异域色彩。

特色软装运用

1 软包床

2 泰丝抱枕

3 箱式床头柜

特色软装运用

1 泰丝抱枕

2 金属挂件

软装设计说明：华贵的暗紫色与清新的绿色搭配出一个娴静、自然的空间氛围。

软装设计说明：摒弃了一贯的华丽色彩，仅通过面料的质感来体现东南亚风格的奢华感，使整个卧室空间彰显出一份低调的奢华美。

特色软装运用

1 泰丝抱枕

2 金属工艺画

3 陶瓷底座台灯

4 箱式柚木床头柜

妩媚飘逸的纱幔

纱幔是东南亚风格家居中不可或缺的装饰。纱幔的颜色选择尤为重要。东南亚风情是否能演绎得淋漓尽致，可能一块纱幔就能成为点睛之笔。

特色软装运用

1 白色纱幔

2 东南亚四柱床

3 椰壳板饰面茶几

软装设计说明：曼妙的白色纱幔搭配色彩艳丽的布艺床品，营造出一个专属于东南亚风情的梦幻空间。

特色软装运用

1 白色纱幔

2 泰丝布艺抱枕

3 饰品

拙朴天然的手工饰品

东南亚风格软装中的饰品就地取材，都是采用天然的藤竹或柚木作为材料，纯手工打造。如一些椰子壳或果核为材质的小饰品，以及一些采用麻绳编织成的饰品摆件等。

特色软装运用

1 椰壳手工挂件

2 平开式布艺窗帘

3 布艺沙发

4 大理石饰面茶几

特色软装运用

1 手工立体挂件

2 布艺沙发

3 球形木质茶几

软装设计说明：手工立体墙壁挂件，是整个空间装饰的亮点，体现出东南亚风格淳朴、精致的特点。

得天独厚的阔叶绿植

东南亚因地处热带，属湿热气候，多常绿阔叶植物，在居室内用一两盆阔叶绿植作为装饰，既能净化环境，又可以使居室更具热带丛林的气息。

特色软装运用

1 泰丝抱枕

2 饰品

3 阔叶植物

4 柚木家具

肌理粗糙的灯饰

东南亚风格卧室的灯具，多采用贝壳、椰壳、藤、枯树枝等为原材料，使居室更贴近自然。枯树枝、藤编材质的灯饰造型独特简约，清新自然；金属材质的灯饰，如铜制的莲蓬灯，手工敲制出具有粗糙肌理的铜片吊灯，既具有民族特色，又能让空间散发出浓浓的异域气息，同时也可以让空间禅意十足。

特色软装运用

1 铜片风扇吊灯

2 皮质单人沙发

3 柚木茶几

软装设计说明：铜片风扇吊灯的粗糙工艺为空间增添了一份质朴的美感。

东南亚风格软装之形状图案

可以从东南亚手工编织中寻找设计灵感，其装饰图案精致逼真，层次丰富。编织的纬线通过硬质或者珠光堆积，手感强烈，有真实的草纺质感，其中以富贵竹图案和兰花纹饰图案最能表现出东南亚风格返璞归真的特点。

地中海风格软装搭配

地中海风格因富有浓郁的地中海人文风情和地域特征而得名，自由奔放，极具亲和力，以大海的颜色为主，搭配阳光沙滩、白色村庄，柔和的色调明亮大胆。

地中海风格软装搭配预览

软装配色	白色系、蓝色系、大地色系、绿色系、土黄色、红褐色
家具	布艺沙发、铁艺家具、木质家具
家居饰品	风扇吊灯、彩色玻璃灯、海洋元素饰品、铁艺摆件
布艺图案	横竖条纹、小碎花图案

最经典的蓝白配色

最能代表地中海风格的颜色，非蓝色与白色的搭配莫属，仅从色系上就能感觉到蓝天碧海的悠闲感，再透过原石的自然色彩来增添地中海风格的浪漫情怀。另外还有黄色、土黄色与红褐色可以搭配。

特色软装运用

1 平开布艺窗帘

2 布艺抱枕

3 开放式床头柜

软装设计说明：低明度的蓝色作为背景色，营造出一个安静、祥和的空间氛围。

仿古做旧的实木家具

地中海风格最明显的特征之一是家具上的擦漆做旧处理，这种处理方式除了让家具流露出古典家具才有的隽永质感，更能展现家具在地中海的碧海晴天之下被海风吹蚀的自然印迹。

特色软装运用

1 铜质吊灯

2 做旧实木家具

3 平开式布艺窗帘

软装设计说明：迷人的双色木质家具造型古朴雅致，做旧效果则彰显了地中海风格特点。

特色软装运用

1 葫芦形玻璃台灯

2 布艺沙发

3 做旧木质茶几

软装设计说明：擦白做旧的实木茶几让温馨的空间氛围增添了一份被岁月侵蚀的美感。

软装设计说明：仿古餐边柜五金的做旧处理，成为整个餐厅设计的亮点。

特色软装运用

1 创意吊灯

2 实木餐椅

3 矮柜式餐边柜

天然棉麻布艺织物

地中海风格家居中，窗帘、沙发布、餐布、床品等软装饰织物，所用的布艺面料以低彩度色调的天然棉麻织物为首选，小碎花、条纹、格子是其主要的装饰图案，配以造型圆润的原木家具。

软装设计说明：蓝白条纹的布艺窗帘让整个地中海风格空间洋溢着一份海洋般浩瀚自由的感觉。

特色软装运用

1 平开式布艺窗帘

2 白色实木平开衣柜

独到的铁艺制品

铁艺制品有着古朴、典雅、粗犷的艺术风格。在地中海风格中，无论是铁艺烛台，还是铁艺花器、铁艺家具等元素，都可以表现出地中海风格独到的美学。

特色软装运用

1 组合装饰画

2 铁艺家具

软装设计说明：造型简洁、曲线优美的铁艺家具是整个休闲角落里唯一的家具，与大量的绿色元素相融合，展现出地中海田园的浪漫情怀。

装饰绿植

地中海风格中多采用藤蔓植物作为绿植装饰，可让藤蔓植物攀附在墙边廊上；还可以在藤编摇椅旁摆放茂盛的观景植物；或是在茶几、壁炉上摆放造型盆栽，都能为居家空间营造出大自然的氛围。

软装设计说明： 蓝白经典色调的地中海风格空间内，藤蔓植物的运用为整个空间注入一丝生机。

特色软装运用

1 藤蔓植物

2 白色木质边柜

色彩绚丽的玻璃灯饰

彩色艺术玻璃镶嵌焊接而成的玻璃灯饰，在色彩上运用了地中海风格中常见的蓝色、红色和白色等，再以黑色装饰边框，让人感受到地中海独有的浪漫。

特色软装运用

1 上拉式布艺窗帘

2 白色木质书桌

软装设计说明： 手工玻璃吸顶灯的半球形设计，造型简洁大方，斑斓的色彩营造出一个浪漫别致的空间氛围。

风扇造型吊灯

地中海风格的吊灯，不仅在色彩上有很多大胆的运用，在造型上更是有很多创新之处，比较有代表性的是以风扇为造型的吊灯，也有以花朵等为造型的吊灯，从造型上就非常吸引人。

特色软装运用

1 铜质风扇吊灯

2 蓝色木质家具

软装设计说明：铜质风扇吊灯搭配手工玻璃灯罩，既通透，又带有古朴的质感，展现出地中海风格粗中有细的装饰特点。

构造简洁大方的格纹元素

菱形、方格、横竖条纹等简洁大方的格纹元素，在地中海风格软装中十分常见，装饰线条构造简洁，有一种浑然天成的感觉，显得更加自然。

特色软装运用

1 铁艺吊灯

2 布艺沙发

3 白色实木家具

软装设计说明：简洁大方的蓝白条纹布艺沙发是地中海风格中经典的装饰元素，展现出自由的风格特点。

No.7 田园风格软装搭配

田园风格的软装搭配所表现的主题为贴近自然，展现朴实生活的气息。田园风格最大的特点就是：朴实、亲切、自由，倡导“回归自然”，力求表现悠闲、舒适、自然的田园生活情趣。

田园风格软装搭配预览

软装配色	白色系、绿色系、大地色系、粉色、红色、黄色
家具	手绘家具、木质家具、铁艺家具、布艺沙发
家居饰品	风扇吊灯、地毯、小型花卉、陶瓷花器、编织饰品
布艺图案	碎花图案、格子图案、条纹图案

清新自然的软装色彩

绿色和大地色是田园风格最具有代表性的色彩，使用任何一个作为主要配色，都能很好地展现出田园风格朴实、亲切、自然的特点。另外，艳丽的橘色、红色、橙红等可以作为点缀的色彩出现在田园风格空间的软装搭配中。

软装设计说明：碎花布艺沙发运用素雅的绿色与茶色，让人联想到大自然，给人一种清新舒适的感觉。

特色软装运用

1 白色木质家具

2 组合装饰画

3 布艺沙发

白色木质家具

田园风格家居中，家具多以白色为主，木质的较多，配以花草图案的布艺软垫，让人感觉舒适而不失美观。木质表面或涂刷开孔漆体现木纹，或涂刷纯白瓷漆，一般不会有复杂的图案。

特色软装运用

1 米白色纱幔

2 白色木质边柜

软装设计说明：白色木质茶几与绿色手绘台灯，都展现出田园风格清新、亮丽的一面。

软装设计说明：仿古造型的弯腿梳妆台与梳妆凳使整个空间都散发着女性特有的柔和美。

特色软装运用

1 实木平板床

2 仿古弯腿梳妆台

特色软装运用

1 创意吊灯

2 白色纱幔

3 白色木质家具

软装设计说明：白色木质床头柜采用稳固的罗马柱腿，小巧精致，很适合小空间使用。

清婉惬意的手绘家具

手绘家具是美式田园风格家具中的另一代表，格调清婉惬意，气质休闲雅致，美式田园风格的手绘家具历史悠久，独一无二，涂鸦的花卉图案绽放在淡雅的白色上，整体风格与田园风格居室十分吻合。

特色软装运用

1 白色纱幔

2 手绘边柜

3 做旧效果茶几

4 纯毛地毯

淡雅明快的布艺织物

田园风格的布艺织物在材料质地的选择上多以印花布、手工纺织的呢料、棉、麻等织物为主，色彩淡雅，以花卉图案、条纹为主，线条随意，简洁明快。

特色软装运用

1 铜质吊灯

2 布艺沙发

软装设计说明：条纹布艺沙发的色彩融入了自然的味道，让整个空间显得更加自然舒适。

造型唯美的铁艺元素

铁艺是田园风格设计的灵魂，有的制成花朵的形状，有的藤蔓纠缠。唯美的铁艺与木制品结合而成的各式家具，让乡村田园风情更加浓烈。

特色软装运用

1 卷草图案壁纸
2 铁艺台灯
3 纯棉布艺床品
4 木质箱式床头柜

柔美丰富的花卉

田园风格居室中，常见满天星、薰衣草、玫瑰等有淡淡芬芳香气的植物，或将一些干燥的花瓣和香料放在透明玻璃瓶甚至古朴的陶罐里，还可在窗外沿墙种一些爬藤类植物，更增添田园风味。

特色软装运用

1 卷草图案壁纸
2 玻璃器皿
3 仿古粗陶花器

小清新的碎花图案

碎花纹样给人一种小清新的感觉，也是田园风格软装布艺的主要元素。无论是浪漫的韩式田园风格，还是复古的欧式田园风格，碎花图案的布艺沙发都是常见的家具。

特色软装运用

1 卷草图案壁纸

2 实木家具

3 陶瓷摆件

软装设计说明：床品的碎花图案让空间更加舒适、自然。

软装设计说明：碎花元素的运用体现了田园风格清新、唯美的特点。

特色软装运用

1 布艺窗帘

2 铁艺吊灯

3 碎花布艺抱枕

梦幻别致的灯饰

田园风格以梦幻的水晶灯、别致的花草灯、富有情调的蜡烛灯为主，多为花朵造型，小巧别致，更适合装点在卧室和书房。轻柔浪漫的颜色带来温馨的居室氛围，清新的田园风格让居室显得更加舒适安然。

No.8 现代简约风格软装搭配

现代简约风格软装的特色是将设计的元素、色彩、材料简化到最少的程度，但对色彩、材料的质感要求很高。

现代简约风格软装搭配预览

软装配色	无彩色系、蓝色系、红色系、黄色系
家具	金属元素家具、塑料家具、板式家具、布艺沙发
家居饰品	地毯、窗帘、抽象画、玻璃或金属饰品、花卉绿植
布艺图案	不规则几何图案、直线、方形、弧形

特色软装运用

1 金属创意摆件

2 布艺沙发

3 钢化玻璃茶几

简约洁净的色彩搭配

现代风格主要以黑、白、灰三种冷色系颜色为主，透露出简约、洁净的美感。软装色彩比较跳跃，大胆鲜明的色彩对比，刚柔并济，让整个房间都显得特别干净、整洁。

特色软装运用

1 铁艺吊灯

2 大理石餐桌

软装设计说明：明朗的黑白色调保证了现代风格居室简洁、时尚的空间氛围。

线条简洁的板式家具

板式家具简洁明快、新潮，布置灵活，十分符合现代风格追求简洁的特点，其中以茶几、电视柜、衣柜、餐桌等使用率较高的家具为主。

软装设计说明：组合茶几的造型简洁、大方，为现代风格客厅增添了十足的时尚感。

特色软装运用

1 布艺沙发

2 木质组合茶几

简洁朴素的布艺织物

现代简约风格适合用布艺来体现，一般适合用几何图案或者简单大方的线条图案等。地毯选择纯色的或者带有几何图案色块比较分明的来搭配；窗帘选择纯色或者带有几何图案的就可以了。

特色软装运用

1 工艺装饰画

2 创意吊灯

3 几何图案地毯

软装设计说明：素色几何图案的布艺元素为时尚空间增添了一份柔和、温暖的气息。

色彩明快的抽象画

现代简约风格的装饰色彩以黑色、白色、灰色、金色为主，很少大面积使用纯度较高的色彩，所以装饰画可以选择颜色鲜艳明快些的抽象画，在整个空间中能起到画龙点睛的装饰效果。

软装设计说明： 色彩明快的抽象装饰画与整个空间的色调十分吻合，活跃了空间气氛。

特色软装运用

1 创意吊灯

2 纯棉布艺床品

造型简单别致的工艺品

造型简单别致的工艺品较多地运用几何元素，让人感受到简洁明快的时代感和抽象之美。比如，变形的陶器、玻璃制品、金属器皿的插花，以及具有实用功能的前卫灯具、造型奇特的摆件、新工艺材料的烛台灯，都具有很强的个性展示效果，在空间内与简洁的家具相呼应，给人耳目一新的时尚感觉。

缤纷亮丽的花艺

简约风格的装修通常色调较浅，缺乏对比度，因此可灵活布置一些靓丽的花艺，如采用浅绿色、红色、蓝色等清新明快的瓶装花卉来提升空间的搭配层次。

特色软装运用

1 彩色陶瓷花瓶
2 组合装饰画
3 水晶摆件
4 白色木质矮柜

简洁抽象的装饰图案

直线、曲线、几何图案及各种不规则图案在现代简约风格中十分常见，既有节奏感，又富有很强的装饰性，与或明快、或沉稳的色彩相搭配，很好地打破了空间的单调感。

特色软装运用

1 布艺沙发
2 铁艺创意摆件
3 几何图案地毯

软装设计说明：几何图案地毯的视觉效果十分活跃，为颇显沉稳的空间注入了一丝活力。

No.9 北欧风格软装搭配

北欧风格追求简洁、直接，强调功能化，贴近自然。同样是崇尚自然，和日式风格不同的是，北欧风格在色彩上更加活泼、明亮，给人干净明朗之感。

北欧风格软装搭配预览

软装配色	无彩色系、蓝色系、绿色系、大地色系、木色
家具	板式家具、木质家具、金属家具、布艺沙发
家居饰品	无框装饰画、陶瓷花器、落地灯、花艺绿植、地毯、鹿头羊头挂件
布艺图案	几何图案、直线、大面积色块

特色软装运用

1 组合装饰画

2 彩色玻璃花器

3 凳式茶几

朴素柔和的软装配色

北欧风格软装的色彩搭配少用纯色，而多使用中性色进行柔和过渡，即使用黑、白、灰三色营造强烈效果，也总有稳定空间的元素打破它的视觉膨胀感，比如用素色家具或中性色布艺软装来调和。

自然质朴的木质家具

北欧风格家具一般比较低矮，以板式家具为主，多采用上等木材，运用其本身的柔和色彩、细密质感以及天然纹理，非常自然地融入家具设计之中，展现出一种朴素、纯粹、原始之美。

特色软装运用

1 布艺沙发

2 木质茶几

3 平开式布艺窗帘

软装设计说明：造型简洁、色彩温和的木质家具为北欧风格空间增添了不可多得的自然味道。

软装设计说明：木质餐椅及搁板的运用有效缓解了大面积蓝色给空间带来的冷意。

软装设计说明：圆润的木质家具使用餐空间显得格外温暖、舒适。

质朴又不失格调的布艺织物

北欧风格的布艺织物主要包括抱枕、床品、窗帘、地毯、桌布等，以自然元素为主，布料多选用木藤、纱麻等天然材质。在颜色的选择上多选用自然清新的色调，如浅绿、淡蓝、淡粉、素白等颜色。

特色软装运用

1 板架式电视柜

2 创意吊灯

3 布艺沙发

软装设计说明：清新、淡雅的布艺色彩使整个空间显得格外雅致、舒适。

软装设计说明：淡淡的绿色与米色营造出一个清新、舒适的空间氛围。

特色软装运用

1 创意吊灯

2 布艺沙发

3 纯毛地毯

软装设计说明：柠檬黄抱枕成为整个空间色彩搭配的点睛之笔，色彩跳跃的同时也为空间注入了活力。

内容丰富的装饰画

黑白装饰画、彩色装饰画、暖色系装饰画、冷色系装饰画、有框装饰画或无框装饰画，都可以用于北欧风格居室的装饰；图案多以动物、植物、人物等为主。

特色软装运用

1 组合装饰画
2 鹿头装饰挂件
3 组合茶几

独特的鹿头挂饰

墙壁上的鹿头挂饰是最具有北欧风格特色的装饰品之一，在西方，鹿代表着富贵、吉祥、权利，象征着居室主人的追求和向往。

简化的古典欧式纹样

北欧风格的图案多以几何印花、条纹及人字图形和抽象设计为主，格调多以欢快、兴奋、个性为主。

特色软装运用

1 创意风景画

2 布艺沙发

3 刷白铁艺茶几

软装设计说明：抽象的古典图案地毯是整个待客区域最吸睛的装饰，巧妙地增添了空间的律动感。

必不可少的绿植花艺

小清新是北欧风格居室的一大特点，因此，绿植与花卉的运用是必不可少的，可以根据居室的空间功能及面积大小来进行选择。